Analytische Berechnung
elektrischer Leitungen.

Von

Willy Hentze,

Ingenieur.

Mit 37 in den Text gedruckten Figuren.

Berlin.   1898.   München.

Julius Springer.   R. Oldenbourg.

Alle Rechte, insbesondere das der
Uebersetzung in fremde Sprachen, vorbehalten.

ISBN-13: 978-3-642-89833-4 e-ISBN-13: 978-3-642-91690-8
DOI: 10.1007/978-3-642-91690-8
Softcover reprint of the hardcover 1st edition 1898

Vorwort.

Das Leitungsnetz ist einer der wichtigsten Bestandteile einer elektrischen Anlage, und machen sich Fehler, sowie rechnerische Ungenauigkeiten technisch und finanziell mitunter recht unangenehm fühlbar.

Unsere technische Literatur besitzt schon verschiedene vorzügliche Bücher, die sich speciell mit der Berechnung von elektrischen Leitungen, theils graphisch, theils mathematisch befassen. Jedoch sind fast alle diese Werke entweder zu theoretisch oder zu weitläufig, um dem praktisch thätigen Ingenieur von reellem Vortheil zu sein.

Vorliegendes Werkchen entstand nun in der Absicht, die zur theoretischen Berechnung von Leitungen und Leitungsnetzen erforderlichen analytischen Formeln und Erfahrungswerthe kurz zusammenzufassen, und habe ich mich bemüht, weiteren Kreisen eine Stromvertheilungsmethode vorzuführen, die sich durch besondere Schnelligkeit und Sicherheit der Rechnungen auszeichnet.

Da das Werk speciell für Ingenieure und Studierende geschrieben ist, habe ich mich auch nur mit der Berechnung von Leitungen befasst und von den allgemeinen elektrischen Vorkenntnissen ganz abgesehen.

Berlin, Januar 1898.

Willy Hentze.

Inhaltsverzeichniss.

	Seite
Vorwort	III
I. Gleichstrom	1
1. Konsumschätzung	1
2. Art des zu wählenden Stromes	2
3. Berechnung der Einzelleitungen	2
4. Berechnung zusammengesetzter Leitungen	10
5. Berechnung zusammengesetzter Leitungen mit mehreren Speisepunkten	14
II. Erwärmung und Feuersicherheit der Leitungen	36
III. Der Spannungsabfall in Knotenpunkten	47
IV. Wechselströme	54
1. Einiges über die Schaltung der Generatoren	54
2. Mehrphasenleitungen ohne Abzweigungen	57
3. Selbstinduktion und Spannungsverlust	66
V. Das Kupfervolumen bei Gleichstrom und Wechselströmen	75
VI. Kraftübertragungen	77

I. Gleichstrom.

1. Konsumschätzung.

Zu den Vorarbeiten für die eigentliche Berechnung gehört das Konsumschätzen. Auf möglichst grossen Plänen ist der an dem betreffenden Ort geschätzte Konsum in Lampen à 16 N. K. oder Ampère einzutragen. Ist eine Anlage nur als Kraftanlage für den Betrieb von Motoren bestimmt, so empfiehlt es sich, den geschätzten oder angemeldeten Konsum in P. S. zu notiren, um ihn dann im Bureau erst in Ampère oder Watt umzuwandeln. Vor allem ist aber darauf zu achten, dass auch sämmtliche Konsumzahlen an die Stelle gesetzt werden, wo sie sich später thatsächlich befinden, schon kleine Abweichungen können das Netz unnöthig vertheuern, oder was noch viel schlimmer ist, es zu schwach ausfallen lassen.

Bei gemischtem Konsum empfiehlt es sich, die geschätzten Glühlampen, Bogenlampen, Motoren oder sonstige Apparate, mit besonderen Zeichen als solche versehen, auf dem Plan aufzutragen, um sie später sorgfältig in ein Aequivalent von Glühlampen oder Ampère umrechnen zu können.

Die Konsumschätzung ist reichlich vorzunehmen, und sind Bauplätze, sowie im Abbruch befindliche Häuser und Baustellen mit einzurechnen. Den Gang einer Konsumschätzung zu schildern, würde uns zu weit führen, und muss es lediglich der Uebung und der Erfahrung des betreffenden Ingenieurs überlassen werden, möglichst der Wirklichkeit entsprechende Resultate zu erzielen.

2. Art des zu wählenden Stromes.

Wenn nicht direkt eine bestimmte Stromart vorgeschrieben ist, oder die Verhältnisse einen gewissen Strom bedingen, so müssen wir ein System anwenden, welches technisch und finanziell die grössten Vortheile bietet. Von den in der Praxis gebräuchlichsten Stromarten, als: Gleichstrom, einphasicher Wechselstrom, monocyklischer und Drehstrom hat jeder seine speciellen Vortheile. Die Wechselströme können ohne besondere Schwierigkeiten hochgespannt auf weite Entfernungen übertragen werden, jedoch bedürfen sie immer zur Erregung der Magnete einer besonderen Gleichstrommaschine, wodurch sich die Betriebskosten erfahrungsgemäss erhöhen. Der Gleichstrom besitzt von allen anderen Systemen den Vortheil, sich akkumuliren zu lassen, was für eine Anlage mitunter ausschlaggebend sein kann. Das Gleichstromdreileitersystem bedarf nur eines geringen Anlage- und Betriebskapitals gegenüber den Wechselstromsystemen, und bietet für den Betrieb die grösste Sicherheit.

In neuerer Zeit ist es unserer Glühlampentechnik gelungen, Lampen für Spannungen bis zu 250 Volt herzustellen, und sind Zweileiteranlagen, wie sie die Firma Siemens & Halske, sowie die Allgem. Elektricitäts-Gesellschaft verschiedentlich mit 220 Volt Spannung hergestellt haben, um 10—15 % billiger als Dreileiteranlagen von derselben Spannung zwischen den Aussenleitern.

3. Berechnung der Einzelleitungen.

Um zu der Querschnittsberechnung schreiten zu können, ist es vor allem erforderlich, die Stromvertheilung und den maximalen Spannungsverlust rechnerisch genau zu ermitteln.

Dr. E. Müllendorff giebt uns in seinem „Beitrag zur analytischen Behandlung von Stromvertheilungsproblemen"[*]) eine Methode, nach der man sicher und schnell ein gegebenes Netz berechnen kann, und soll nachstehende Berechnung sich im Wesentlichen auf diese Methode stützen.

---

*) Elektr. Zschr. 1894, Heft 5.

Die einfachste Berechnung einer Leitung ist die von einem Aequipotentialpunkte A (Speispunkte) nach einem Konsumpunkte B gehende (Fig. 1). Bezeichnen wir also beim

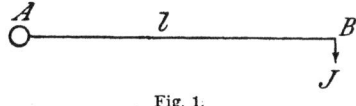

Fig. 1.

Zweileitersytem mit

$J =$ die Belastung in Amp.,
$l =$ Länge eines Leiters,
$q =$ Querschnitt eines Leiters in qmm,
$\varepsilon =$ Spannungsverlust in Volt,
$E =$ die Spannung am Anfang der Leitung,
$k =$ die Leitungsfähigkeit des Kupfers $= 57$

so berechnet sich bei gegebenem Querschnitt der Spannungsabfall ε zu

$$1 \ldots \ldots \ldots \varepsilon = \frac{J \cdot 2 \cdot l}{k \cdot q}$$

und bei gegebenem Spannungsabfall ε der Querschnitt

$$2 \ldots \ldots \ldots q = \frac{J \cdot 2 \cdot l}{k \cdot \varepsilon}$$

Beispiel: Von einer Centrale A soll ein in einer Entfernung von 300 m arbeitender Motor, der maximal 30 Amp. braucht, mit elektrischer Energie versorgt werden, und beträgt der zulässige Spannungsabfall $2\,^0/_0$ der Gesammtspannung, $E = 220$ Volt, also ~ 5 Volt. (Fig. 2.)

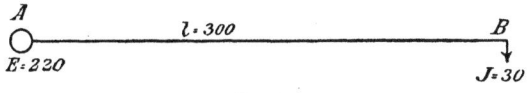

Fig. 2.

Hiernach berechnet sich der Querschnitt einer Leitung zu:

$$q = \frac{J \cdot 2 \cdot l}{k \cdot \varepsilon} = \frac{30 \cdot 2 \cdot 300}{57 \cdot 5} = 63{,}1 \text{ qmm.}$$

Die Spannung in B ergiebt sich zu:
$$E_b = E - \varepsilon = 220 - 5 = 215 \text{ Volt},$$
und der Wattverlust würde betragen:
$$W = J \cdot \varepsilon = 30 \cdot 5 = 150 \text{ Watt}.$$

Die Station müsste also zusammen für den Punkt B liefern:
$$E \cdot J + \varepsilon \cdot J = 6600 + 150 = 6750 \text{ Watt}.$$

Greifen an einer Leitung, die von einem Ende aus gespeist wird, n Kräfte in l_n Entfernungen an, so berechnet sich die Lage des Schwerpunktes zu:

$$3 \quad \ldots \ldots \ldots \quad l = \frac{\sum\limits_{1}^{n}(J \cdot l)}{\sum\limits_{1}^{n}(J)}$$

In Fig. 3 wäre demnach der Querschnitt q

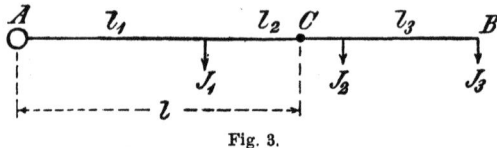

Fig. 3.

bei dem bekannten Spannungsabfall ε

$$4 \quad \ldots \quad q = \frac{\sum\limits_{1}^{3}(J) \cdot 2 \cdot l}{k \cdot \varepsilon} = \frac{(J_1 + J_2 + J_3) \cdot 2 \cdot l}{k \cdot \varepsilon}$$

wenn l die Länge eines Leiters bezeichnet. Der Spannungsverlust ε ist folglich bei bekanntem q

$$5 \quad \ldots \quad \varepsilon = \frac{\sum\limits_{1}^{3}(J) \cdot 2 \cdot l}{k \cdot q} = \frac{(J_1 + J_2 + J_3) \cdot 2 \cdot l}{k \cdot q}$$

Anders gestalten sich unsere in 4 und 5 gefundenen Werthe für q und ε, wenn wir uns auf der Strecke l_1 den Gesammtstrom $J_1 + J_2 + J_3$ fliessend denken. Auf l_2 fliesst aber nur noch $J_2 + J_3$, und auf l_3 nur noch J_3. Wir können dann sagen

Berechnung der Einzelleitungen.

6 . . $q = \dfrac{[(J_1 + J_2 + J_3) \cdot l_1 + (J_2 + J_3) l_2 + J_3 \cdot l_3] \cdot 2}{k \cdot \varepsilon}$

7 . . $\varepsilon = \dfrac{[(J_1 + J_2 + J_3) \cdot l_1 + (J_2 + J_3) l_2 + J_3 \cdot l_3] \cdot 2}{k \cdot q}$

Beispiel: Vom Speisepunkt A greifen in Entfernungen von 100, 130 und 50 m Kräfte von 20, 50 und 40 Amp. an. Der Spannungsverlust ε betrage 10 Volt. (Fig. 4.)

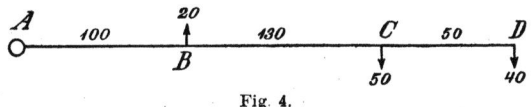

Fig. 4.

Nach Formel 3 ist die mittlere Länge

$$l = \dfrac{\overset{n}{\underset{1}{\Sigma}}(J \cdot l)}{\overset{n}{\underset{1}{\Sigma}}(J)} = \dfrac{20 \cdot 100 + 50 \cdot (100 + 130) + 40 \cdot (100 + 130 + 50)}{20 + 50 + 40} = 224{,}5 \text{ m}$$

und der Querschnitt berechnet sich:

$$q = \dfrac{\overset{n}{\underset{1}{\Sigma}}(J) \cdot 2 \cdot l}{k \cdot \varepsilon} = \dfrac{(20 + 50 + 40) \cdot 2 \cdot 224{,}5}{57 \cdot 10} = 86{,}6 \text{ qmm.}$$

Rechnen wir nach Formel 6, so ergiebt sich unser Querschnitt wie folgt:

$$q = \dfrac{[(20 + 50 + 40) \cdot 100 + (50 + 40) \cdot 130 + 40 \cdot 50] \cdot 2}{57 \cdot 10} = 86 \text{ qmm.}$$

Sind zwei Speisepunkte durch eine Leitung miteinander verbunden, so müssten wir, bevor zur Querdurchschnitts-

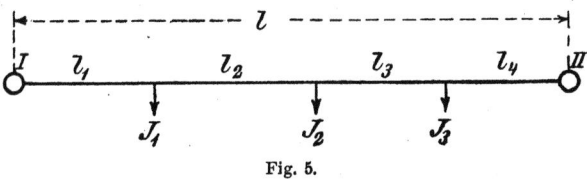

Fig. 5.

berechnung geschritten werden kann, die Komponentenströme J_I und J_{II}, d. h. die Ströme berechnen, die von den Speisepunkten I und II zur Deckung des Gesammtbedarfs geliefert werden müssen (Fig. 5). Wir erhalten als Belastung J_I des Punktes I

$$J_I = \frac{J_3 \cdot l_4 + J_2 \cdot (l_4 + l_3) + J_1 \cdot (l_4 + l_3 + l_2)}{l_4 + l_3 + l_2 + l_1}$$

und für J_{II} des Punktes II

$$J_{II} = \frac{J_1 \cdot l_1 + J_2 \cdot (l_1 + l_2) + J_3 \cdot (l_1 + l_2 + l_3)}{l_1 + l_2 + l_3 + l_4}$$

Befinden sich nun auf einer Strecke n Konsumstellen J, und beträgt die Gesammtentfernung zwischen den beiden Speisepunkten l_{n+1}, so erhalte ich die allgemeine Formel für die Belastung J eines Speisepunktes:

8 . . . . $J = \dfrac{1}{L}[J_1 \cdot l_1 + J_2 \cdot (l_1 + l_2) + J_3 (l_1 + l_2 + l_3) +$

$\ldots + J_n \cdot (l_1 + l_2 + \ldots l_{n-1})$,

worin

$$L = \sum_{1}^{n+1}(l)$$

von I bis II bedeutet.

Beispiel: In Fig. 6 greifen an der Verbindungsleitung zwischen den beiden Speisepunkten I und II in Abständen

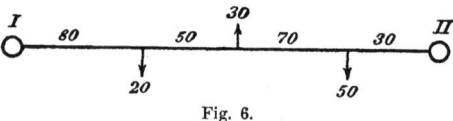

Fig. 6.

von 80, 50, 70 und 30 m Kräfte von 20, 30 und 50 Amp. an. Gesucht werden die Querschnitte der Leitungen, sowie die Stelle des maximalen Spannungsverlustes ε.

Nach Formel 8 ist die Belastung J_I des Punktes I

$$J_I = \frac{50 \cdot 30 + 30 \cdot (30 + 70) + 20 \cdot (30 + 70 + 50)}{30 + 70 + 50 + 80} = 32{,}6 \text{ Amp.}$$

und ergiebt sich die Belastung J_{II} des Punktes II zu:

$$J_{II} = \frac{20 \cdot 80 + 30 \cdot (80 + 50) + 50 \cdot (80 + 50 + 70)}{80 \cdot 50 \cdot 70 \cdot 30} = 67{,}4 \text{ Amp.}$$

oder einfacher

$J_{II} = \Sigma(J) - J_I = (20 + 30 + 50) - 32{,}6 = 67{,}4$ Amp.

Setzen wir $\varepsilon = 1$, so erhalten wir unseren Querschnitt

$$q = \frac{[(32{,}6 \cdot 80) + (32{,}6 - 20) \cdot 50] \cdot 2}{57 \cdot 1} = 100 \text{ qmm.}$$

Der maximale Spannungsverlust ε liegt in der Konsumstelle 30, denn von 30 angreifenden Ampère müssten

$$J_I - 20 = 12{,}6 \text{ Amp.}$$

vom Punkte 1 und

$$J_{II} - 50 = 17{,}4 \text{ Amp.}$$

von II geliefert werden.

Beispiel: Der Spannungsverlust einer Anlage, die mit 500 Volt arbeitet, betrage 2 % oder 10 Volt, und sind hierfür

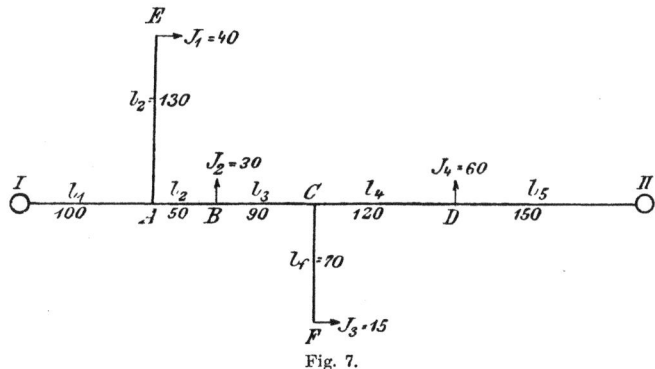

Fig. 7.

nach Fig. 7 die Querschnitte der Leitungen, sowie der Wirkungsgrad der letzteren zu bestimmen.

Denken wir uns zunächst die in E und F angreifenden Kräfte J_1 und J_3 nach A resp. C verschoben, so berechnet sich die Belastung J_I unseres Punktes I zu:

$$J_I = \frac{60 \cdot 150 + 15 \cdot (150 + 120) + 30 \cdot (150 + 120 + 90) + 40 \cdot (150 + 120 + 90 + 50)}{150 + 120 + 90 + 50 + 100} =$$
$$= \infty \; 79 \text{ Amp.}$$

Es ergiebt sich also die Belastung des Punktes I zu:
$$J_{II} = \overset{4}{\underset{1}{\Sigma}}(J) - J_I = 145 - 79 = 66 \text{ Amp.}$$

Der grösste Spannungsverlust auf der Hauptstrecke $I\,II$ befindet sich also im Punkt C, denn an seiner Speisung ist Speisepunkt I mit 9 und II mit $15-9=6$ Amp. betheiligt, denn es fliessen von I nach A 79 Amp., wovon 40 Amp. nach E hin abgenommen werden. Die übriggebliebenen 39 Amp. kommen nun in B an, wo wiederum 30 Amp. die Leitung verlassen und für die Belastung des Punktes C also nur noch 9 Amp. übrig bleiben.

Ebenso wie mit $I\,C$ verhält es sich auch mit der Strecke $II\,C$. Punkt II hat zur gemeinsamen Speisung 66 Amp. beizutragen, die auf l_5 bis D fliessen, wo sie 60 Amp. verlieren. Die überschüssigen 6 Amp. kommen also in C an, vereinigen sich hier mit den von I kommenden 9 Amp., um dann gemeinschaftlich auf l_f nach Punkt F zu gehen.

Daraus erklärt sich vollkommen, dass der Spannungsabfall von I bis C gleich dem von II bis C sein muss.

Um die Leitung l_f nicht zu stark und dadurch zu theuer ausfallen zu lassen, muss bei ihr ein Verlust zugelassen werden. In Folge dessen dürfen wir von I und II bis C unseren Gesammtverlust von $\varepsilon = 10$ Volt nicht vollständig zulassen, und nehmen deshalb in Anbetracht der kurzen Entfernung von C bis F $\varepsilon_f = 2$ Volt Verlust an. Somit ergiebt sich auch der Spannungsabfall von I und II bis C zu
$$\varepsilon = 10 - 2 = 8 \text{ Volt}$$

Es herrscht also in C, wenn wir eine Klemmenspannung von $E = 500$ Volt voraussetzen, eine Spannung von
$$E_c = E - \varepsilon = 500 - 8 = 492 \text{ Volt}$$
und im Punkt F
$$E_f = E - \varepsilon - \varepsilon_f = 500 - 8 - 2 = 490 \text{ Volt.}$$

Es berechnet sich nun der Querschnitt q_f der Strecke l_f zu:
$$q_f = \frac{J_3 \cdot 2 \cdot l_f}{K \cdot \varepsilon_f} = \frac{15 \cdot 2 \cdot 70}{57 \cdot 2} = 17{,}5 \text{ qmm}$$

Berechnung der Einzelleitungen.

der der Hauptleitung dagegen ist:

$$Q = \frac{[J_I \cdot l_1 + (J_I - J_1) \cdot l_2 + (J_I - J_1 - J_2) l_3] \cdot 2}{k \cdot \varepsilon_c} =$$

$$= \frac{[79 \cdot 100 + (79 - 40) \cdot 50 + (79 - 40 - 30) \cdot 90] \cdot 2}{57 \cdot 8} = \infty \, 49 \text{ qmm}$$

Um den Querschnitt q_e der Strecke l_e ermitteln zu können, müssen wir zunächst den Spannungsabfall von I bis A feststellen, um zu sehen, was auf l_e noch verloren werden kann, wenn die Spannung E_e in $E =$ der in $F = 490$ Volt betragen soll.

Bei dem Querschnitt von $Q = 49$ qmm wäre also mein Verlust ε_a in A

$$\varepsilon_a = \frac{J_I \cdot 2 \cdot l_1}{k \cdot Q} = \frac{79 \cdot 2 \cdot 100}{57 \cdot 49} = \infty \, 5{,}7 \text{ Volt}$$

und müssen wir noch auf l_e verlieren

$$\varepsilon_e = \varepsilon - \varepsilon_a = 10 - 5{,}7 = 4{,}3 \text{ Volt}.$$

Folglich ist der Querschnitt von l_e

$$q_e = \frac{J_1 \, 2 \cdot l_e}{k \cdot \varepsilon_e} = \frac{40 \cdot 2 \cdot 130}{57 \cdot 4{,}3} = \infty \, 42 \text{ qmm}$$

Der Wirkungsgrad der ganzen Anlage ergiebt sich aus:

$$\eta = \frac{E_e}{E} = \frac{490}{500} = 0{,}98.$$

Punkt 1 hat also im Ganzen zu liefern:

$$J_I \text{ max.} = \frac{J_I \cdot E}{\eta} = \frac{79 \cdot 500}{0{,}98} = \infty \, 40\,300 \text{ Watt},$$

während Punkt II belastet wäre mit:

$$J_{II} \text{ max.} = \frac{J_{II} \cdot E}{\eta} = \frac{66 \cdot 500}{0{,}98} = \infty \, 33\,700 \text{ Watt}.$$

4. Berechnung zusammengesetzter Leitungen.

Jedes Netz, mag es auch noch so viele Maschen besitzen, kann durch zweckmässig angebrachte Schnitte, die es in mehrere Einzelleitungen mit oder ohne Ausläufer zerlegen, schnell richtig berechnet werden. Bevor man zur Berechnung der Stromvertheilung übergeht, bringt ein kurzer Ueberblick bei einiger Uebung schon die gewünschte Klarheit in die vorzunehmende Operation. Diese Methode, das Netz so aufzuschneiden, dass es an den Schnittstellen denselben Spannungsabfall besitzt, soll an folgendem Beispiel erläutert werden.

Denken wir uns in Fig. 8 die beiden Aequipotentialpunkte I und II durch zwei Leitungspaare verbunden, die

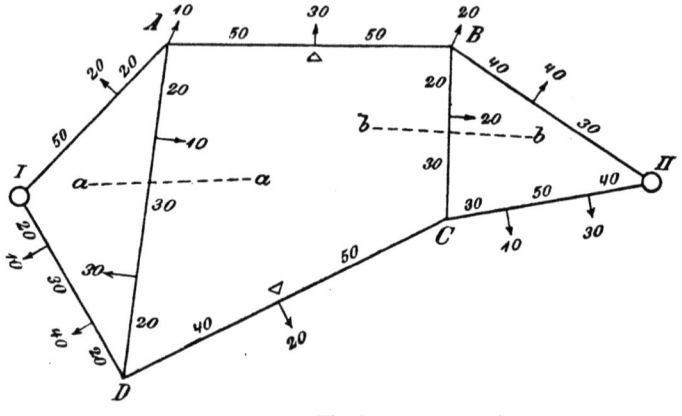

Fig. 8.

ihrerseits durch Verbindungsleitungen wiederum in Verbindung stehen, so können wir uns dieses Netz durch die willkürlich angenommenen Schnitte $a---a$ und $b---b$ in zwei Netzhälften zerlegt denken. Jede dieser Hälften kann nun allein als Leitung zwischen zwei Speisepunkten betrachtet werden, jedoch ist immer zu berücksichtigen, dass in den Schnittstellen der Spannungsabfall stets gleich sein muss.

Da sich nun bei den Verbindungsleitungen fast immer bei der Berechnung zwei verschiedene Querschnitte herausstellen würden, in der Praxis aber solche Leitungen nie abgesetzt werden, so müsste eigentlich bei dem in Ausführung zu bringenden Querschnitt die Stromvertheilung, und somit der Spannungsverlust, nachgerechnet werden. Ein zusammenhängendes Netz darf aber im höchsten Fall nur 1—2 % Spannungsdifferenz besitzen, und kann die etwa in den Schnittstellen auftretende Differenz vernachlässigt werden.

Schreiten wir zur Berechnung, so müssen wir, um die Ströme in A, B, C und D feststellen zu können, die Stromverteilung der Verbindungsleitungen AD und BC bestimmen.

Es ist die Belastung des Punktes A bez. der Strecke AD

$$\begin{array}{r} 30 \cdot 20 = 600 \\ 10 \cdot 50 = 500 \\ \hline 40 \qquad 1100 : 70 = \infty\, 16 = B_a \\ -16 \\ \hline B_d \; 24 \end{array}$$

In A greifen also zusammen an:

$$16 + 10 = 26 \text{ Amp.}$$

während Punkt D mit

$$40 - 16 = 24 \text{ Amp.}$$

belastet ist.

Ebenso berechnet sich die Belastung von B zu

$$20 \cdot 30 = 600 : 50 = 12 \text{ Amp.}$$
$$12 + 20 = 32 \text{ Amp.}$$

und die des Punktes C ergiebt sich zu:

$$20 - 12 = 8 \text{ Amp.}$$

Da wir den Spannungsabfall von den Speisepunkten bis zu den Knotenpunkten noch nicht kennen, kann auch der Querschnitt der Verbindungsleitungen noch nicht berechnet werden.

Wir wollen nunmehr die Belastungen der beiden Potentialpunkte ermitteln, und ergiebt sich für die Belastung B_{IIo}, wenn wir zuerst den oberen Zweig berechnen:

$$20 \cdot 50 = 1000$$
$$(10+16) \cdot 70 = 1820$$
$$30 \cdot 120 = 3600$$
$$(20+12) \cdot 170 = 5440$$
$$\underline{40 \cdot 210 = 8400}$$
$$148 \qquad 20260 : 240 = \infty\ 85\ \text{Amp.}$$
$$\underline{-85}$$
$$B_{Io} = 63\ \text{Amp.}$$

Die Belastung B_{Io} der Punkte I ist also 63 Amp. Im unteren Zweig dagegen sind die Belastungen

$$10 \cdot 20 = 200$$
$$40 \cdot 50 = 2000$$
$$24 \cdot 70 = 1680$$
$$20 \cdot 110 = 2200$$
$$8 \cdot 160 = 1280$$
$$10 \cdot 196 = 1900$$
$$\underline{30 \cdot 240 = 7200}$$
$$142 \qquad 16460 : 280 = \infty\ 60\ \text{Amp.} = B_{IIu}$$
$$\underline{60}$$
$$B_{Iu} = 82\ \text{Amp.}$$

Folglich ist die Gesammtbelastung von I

$$B_I = B_{Io} + B_{Iu} = 63 + 82 = 145\ \text{Amp.}$$

und die von II

$$B_{II} = B_{IIo} + B_{IIu} = 85 + 60 = 145\ \text{Amp.}$$

Der maximale Spannungsverlust liegt also bei △ in der oberen Leitung, und zwar ist an seiner Unterhaltung Punkt I mit

$$60 - 20 - 26 = 17\ \text{Amp.}$$

betheiligt, während Punkt II

$$30 - 17 = 13\ \text{Amp.}$$

zu liefern hat. Im untern Theile liegt der 'grösste]Verlust bei ▽, und erhält diese Konsumstelle von ‚Punkt I 8, und von II 12 Amp.

Jetzt erst können wir mit der Berechnung der Hauptleitungen beginnen, die auch in diesem Falle den maximalen Verlust besitzen sollen. Für $\varepsilon = 2$ berechnet sich der Querschnitt der oberen Leitung zu:

$$q_o = \frac{(63.50 + 43.20 + 17.50).2}{57.2} = \infty \; 85 \; \text{qmm}$$

und der der unteren ist

$$q_u = \frac{(82.20 + 72.30 + 32.20 + 8.40).2}{57.2} = \infty \; 83 \; \text{qmm}$$

Wir haben also in A einen Spannungsabfall von

$$\varepsilon_a = \frac{(63.50 + 43.20)}{57.85} = 1,6 \; \text{Volt}$$

und darf demnach der Verlust der Strecke AD nur

$$2 - 1,6 = 0,4 \; \text{Volt}$$

betragen. Der Querschnitt hierfür wäre

$$q_a = \frac{(16.20 + 6.30).2}{57.0,4} = \infty \; 44 \; \text{qmm}$$

Der Verlust von II bis B beträgt

$$\varepsilon_b = \frac{(85.30 + 45.40).2}{57.85} = \infty \; 1,7 \; \text{Volt}$$

Auf BC dürfen also nur noch 0,3 Volt verloren werden, was einen Querschnitt von

$$q_b = \frac{(12.20).2}{57.0,3} = \infty \; 22 \; \text{qmm}$$

bedingt.

In diesem Falle haben also die Haupt- und die Verbindungsleitungen je einen maximalen Verlust von 2 Volt. Mitunter muss einer Leitung aber ein geringerer Verlust gegeben werden, wenn das Kupfervolumen nicht riesige Dimensionen annehmen soll, was bekanntlich die Anlage vertheuert.

5. Berechnung zusammengesetzter Leitungen mit mehreren Speisepunkten.

Alle diese Berechnungen lassen sich auch für mehrere durch Leitungen untereinander verbundene Speisepunkte anwenden, und soll Nachstehendes die Entwickelung der dazu erforderlichen Formeln veranschaulichen.

Nehmen wir zunächst drei Speisepunkte I, II und III, und verbinden dieselben mit dem beliebig liegenden Knoten-

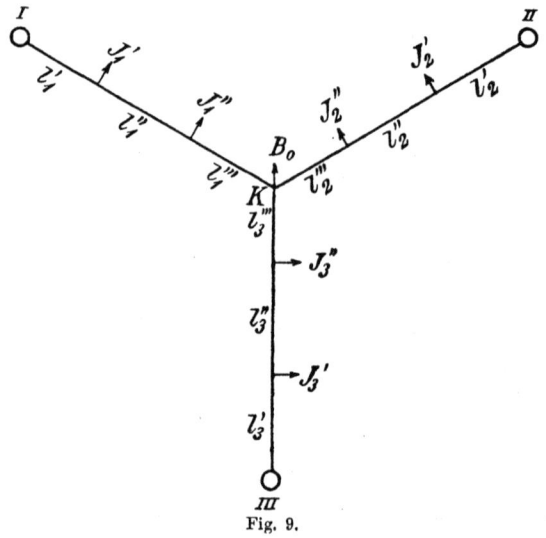

Fig. 9.

punkt K (Fig. 9), so erhalten wir in IK, IIK und $IIIK$ Längen, die wir entsprechend den Speisepunkten mit L_1, L_2 und L_3 bezeichnen wollen.

Auf der Strecke IK denken wir uns in Abständen von l_1', l_1'' .... $l_1^{(n_1+1)}$ n Konsumstellen angreifend, die wir J_1', J_1'' .... $J_1^{(n_1)}$ nennen wollen. Ebenso verhält es sich mit den Strecken IIK und $IIIK$, die in Entfernungen von l_2', l_2'' ..... $l_2^{(n_2+1)}$ und l_3', l_3'' ..... $l_3^{(n_3)}$ n_2, resp. n_3 Konsumstellen bei den Gesammtlängen L_2 und L_3 besitzen. Der Knotenpunkt K greift selbst mit der Last B_0 an. Diese Belastungen sollen nun bei konstanten Querschnitten q_1, q_2 und q_3 proportional den Belastungen und Längen der drei Leitungen auf die Speisepunkte vertheilt werden.

Setzen wir in der Gleichung der Partialströme

$$p_1 + p_2 + p_3 = B_0$$

so müssen wir auch eine Konstante C, die sogenannte Netzkonstante einführen.

Es ist also

$$J_1'.l_1' + J_1''.l_1'' + \ldots p_1.L_1 = q_1.C$$
$$J_2'.l_2' + J_2''.l_2'' + \ldots p_2.L_2 = q_2.C$$
$$J_3'.l_3' + J_3''.l_3'' + \ldots p_3.L_3 = q_3.C$$

Dividiren wir hierauf die linken Seiten der Gleichungen durch ihre Gesammtlänge L, so erhalten wir dieselben Formeln, die wir zur Berechnung einer Leitung zwischen zwei Speisepunkten angewendet haben. Es ist also die Belastung des Knotenpunktes K, wenn er mit I, II und III gleiches Potential besitzt:

$$\frac{J_1'.l_1' + J_1''.l_1'' + \ldots}{L_1}$$

$$\frac{J_2'.l_2' + J_2''.l_2'' + \ldots}{L_2}$$

$$\frac{J_3'.l_3' + J_3''.l_3'' + \ldots}{L_3}$$

d. h. es ist allgemein.

$$B = \frac{1}{L}[J_1.l_1 + J_2(l_1 + l_2) + \ldots + J_n(l_1 + l_2 + \ldots l_{n-1})]$$

worin

$$L = \sum_{1}^{n+1}(l)$$

ist.

Die Netzkonstante C ist dann:

$$C^{-\frac{1}{2}} \cdot G^{\frac{1}{2}} \cdot S^{-1}$$

was als Ausdruck für die magnetische Felddichte bekannt sein dürfte.

Diese Belastungen von K, wollen wir zum Unterschied von seiner reellen Belastung B_0 mit B_1, B_2 und B_3 bezeichnen und ideelle nennen.

Unsere Gleichungen gestalten sich wie folgt:

$$p_1 + p_2 + p_3 = B_0$$

$$B_1 + p_1 = \frac{q_1 \cdot C}{L_1}$$

$$B_2 + p_2 = \frac{q_2 \cdot C}{L_2}$$

$$B_3 + p_3 = \frac{q_3 \cdot C}{L_3}$$

Addiren wir nun die drei letzten Gleichungen, so erhalten wir aus dieser Summe.

$$B_0 + B_1 + B_2 + B_3 = C \cdot \left(\frac{q_1}{L_1} + \frac{q_2}{L_2} + \frac{q_3}{L_3}\right)$$

und hieraus die Netzkonstante

$$C = \frac{B_0 + B_1 + B_2 + B_3}{\frac{q_1}{L_1} + \frac{q_2}{L_2} + \frac{q_3}{L_3}}$$

Die Partialströme p sind wiederum:

$$p_1 = \frac{q_1 \cdot C}{L_1} - B_1$$

$$p_2 = \frac{q_2 \cdot C}{L_2} - B_2$$

$$p_3 = \frac{q_3 \cdot C}{L_3} - B_3$$

Diese Formeln lassen sich leicht zu allgemeinen Formeln zusammenfassen, denn es können von K mit seiner reellen Belastung B_0 n Leitungen zu n Speisepunkten führen, die mit einer Energiemenge von n Amp. den Knotenpunkt K ideell belasten. Diese Längen und Querschnitte $L_1, L_2 \ldots L_n$, bez. $q_1, q_2 \ldots q_n$, belasten K ideell mit $B_1, B_2 \ldots B_n$. Aus obenstehenden Gleichungen erhalten wir also in K die Partialströme $p_1, p_2 \ldots p_n$.

Berechnung zusammengesetzter Leitungen.

$$9 \quad \begin{cases} p_1 = \dfrac{q_1 \cdot C}{L_1} - B_1 \\ p_2 = \dfrac{q_2 \cdot C}{L_2} - B_2 \\ \cdots \cdots \cdots \\ p_n = \dfrac{q_n \cdot C}{L_n} - B_n \end{cases}$$

und meine Netzkonstante ist

$$10 \quad\quad C = \frac{\sum\limits_0^n (B)}{\sum\limits_1^n \left(\dfrac{q}{L}\right)}$$

Man kann also mit Hilfe dieser Methode die Stromvertheilung eines gegebenen Netzes schnell und sicher berechnen.

Wollen wir aber die Querschnitte berechnen, so müssen wir von vorn herein darauf Bedacht nehmen, ein Kupferminimum zu erzielen. Wir haben also für n Querschnitte $n-1$ Bedingungsgleichungen, die für jeden speciellen Fall eine besondere Stromvertheilung fordern.

Aus der Formel für das gesammte Kupfergewicht geht deutlich hervor, dass, um ein Kupferminimum zu erhalten, für die grossen Längen möglichst kleine Querschnitte zu wählen sind. Es ist nämlich das Kupfervolumen

$$V = L_1 \cdot q_1 + L_2 \cdot q_2 + \ldots L_n \cdot q_n$$

Aus dem Formelsystem für die Partialströme geht ferner hervor, dass jedes q_v proportional

$$L_v (p_v + B_v)$$

rein muss.

Die grossen Längen möglicht klein zu dimensioniren kann aber nicht immer mit Vorteil verwandt werden, denn um einen guten Ausgleich zu erzielen, können bei starken Belastungen der Speisepunkte die Speiseleitungen leicht Dimensionen annehmen, die das im Vertheilungsnetz gesparte Material wieder benötigen.

In Fig. 10 und 11 sind zwei Variationen des Systems veranschaulicht, wobei jede der von I ausgehenden und sich in K vereinigenden Leitungen als Leitungen mit je einem Speisepunkt zu bertrachten sind.

Um den Einfluss der gewählten Bedingungen für die Querschnitte auf das gesammte Netzvolumen besser beweisen zu können, sollen folgende Beispiele dienen.

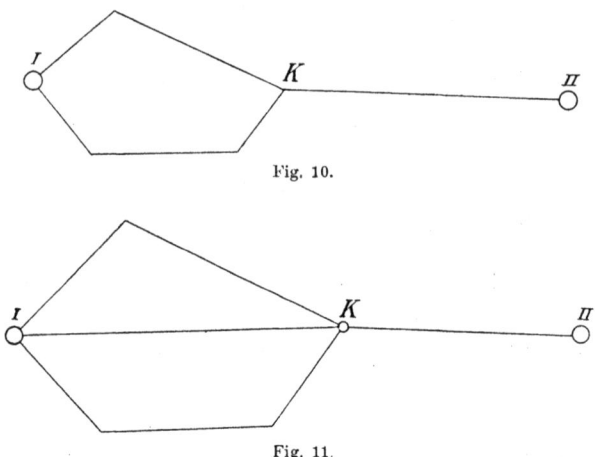

Fig. 10.

Fig. 11.

Drei Speisepunkte I, II und III versorgen gemeinschaftlich die in K zusammenhängenden Leitungen mit Energie. (Fig. 12.)

Die eingeschriebenen Konsumziffern bedeuten Glühlampen à 16 N K, und soll die Spannung an den Speisepunkten $E = 220$ Volt bei $e = 2$ Volt Verlust betragen.

Es wären zunächst zu berechnen

$$\sum_0^3 (B)$$

d. h. die ideellen Belastungen des Knotenpunktes K, dessen reelle Belastung $B_0 = 50$ gegeben ist. Der Gesammtwerth von $\sum_0^3 (B)$ ist völlig unabhängig von den Querschnitten der einzelnen Leitungen, und berechnet sich die ideelle Belastung B_1 des Punktes K wie folgt zu:

Berechnung zusammengesetzter Leitungen.   19

$$100 \cdot 50 = 5\,000$$
$$\underline{200 \cdot 50 = 10\,000}$$
$$\overline{300} \quad \overline{15\,000 : 150} = 166{,}66 \text{ Lampen.}$$

B_2 ist:
$$50 \cdot 50 = 2500 : 200 = 12{,}5$$

und B_3 berechnet sich zu:
$$150 \cdot 50 = 7\,500$$
$$\underline{100 \cdot 150 = 15\,000}$$
$$\overline{250} \quad \overline{22\,500 : 200} = 112{,}5$$
$$B_0 = 50.$$

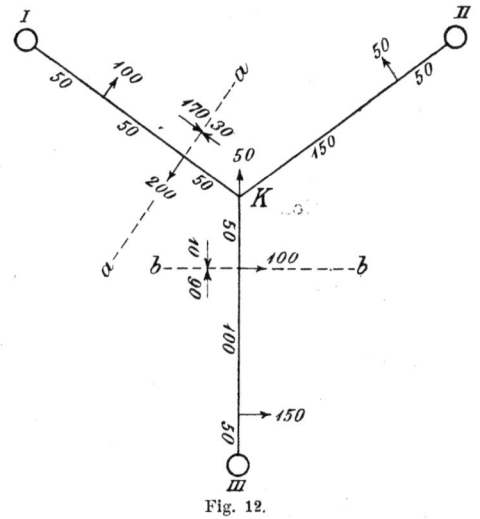

Fig. 12.

Es ist also
$$B_0 = 50$$
$$B_1 = 166{,}66$$
$$B_2 = 12{,}5$$
$$\underline{B_3 = 112{,}5}$$
$$\overset{3}{\underset{0}{\Sigma}}(B) = 341{,}66 \text{ Lampen.}$$

Die Gesammtlängen betragen:
$$L_1 = 150 \text{ m}$$
$$L_2 = 200 \text{ „}$$
$$L_3 = 200 \text{ „}$$

2*

I. Gleichstrom.

Da in diesem Falle alle drei Querschnitte gleich sein sollen, die Partialströme aber nicht von den Querschnitten selbst, sondern nur von ihrem Verhältniss abhängen, so nehmen wir q der Einfachheit halber zu:

$$q_1 = q_2 = q_3 = 600$$

und erhalten demnach für die Werthe $\frac{q}{L}$ relative Primzahlen. Es ist also:

$$\frac{q_1}{L_1} = \frac{600}{150} = 4$$

$$\frac{q_2}{L_2} = \frac{600}{200} = 3$$

$$\frac{q_3}{L_3} = \frac{600}{200} = 3$$

$$\overline{\sum_{1}^{3} \left(\frac{q}{L}\right) \quad = 10}$$

Folglich ist unsere Netzkonstante

$$C = \frac{\sum_{0}^{3}(B)}{\sum_{1}^{3}\left(\frac{q}{L}\right)} = \frac{341{,}66}{10} = 34{,}166$$

und berechnen hieraus die sich in K vereinigenden Partialströme

$$p_1 = \frac{q_1}{L_1} \cdot C - B_1 = 4 \cdot 34{,}166 - 166{,}66 = -30$$

$$p_2 = \frac{q_2}{L_2} \cdot C - B_2 = 3 \cdot 34{,}166 - 12{,}5 = +90$$

$$p_3 = \frac{q_3}{L_3} \cdot C - B_3 = 3 \cdot 34{,}166 - 112{,}5 = -10$$

$$\overline{\phantom{p_3 = \frac{q_3}{L_3} \cdot C - B_3 = 3 \cdot 34{,}166 - 112{,}5 = } +50 = B_0}$$

Durch diese Methode hat man also ein Mittel in der Hand, durch die Differenz der ideellen Partialströme eine falsche Rechnung sofort kontrolliren zu können. Beträgt nun

$$B_0 = 0,$$

so würde die algebraische Summe der Partialströme ebenfalls Null.

Der Punkt des maximalen Spannungsverlustes liegt also da, wo sich der grösste negative Werth zeigt, d. h. vom Knotenpunkt K müssen die sich vereinigenden Partialströme p die berechnete negative Strommenge in die Leitung des grössten Spannungsverlustes hineindrücken. In unserem Beispiel liegt dieser Punkt bei $a - - - - a$. Dieser Punkt erhält also von Knotenpunkt K 30 und von Speisepunkt I

$$200 - 30 = 170 \text{ Lampen.}$$

Der Partialstrom $p_2 = 90$ bedeutet, dass ausser den 50 auf der Strecke $K\,II$ befindlichen Lampen noch weitere 90 vom Speisepunkte II zu liefern sind, die zum Theil in K selbst, zum Theil auch in den anderen Leitungen verbraucht werden.

$p_3 = -10$ bedeutet, dass der 150 m von III entfernte Punkt 10 Lampen von K bekommt und folglich nur

$$150 + (100 - 10) = 240 \text{ Lampen}$$

vom Speisepunkt zu liefern sind.

Da wir die Belastungen der Konsumstellen mit Glühlampen à 16 NK angegeben haben, so müssen wir, um nicht zu der Berechnung mit Amp. überzugehen, den Querschnittsberechnungen den Energieverbrauch der Lampen in Watt zu Grunde legen.

Aus nachfolgender Tabelle ersehen wir, dass eine Glühlampe à 16 NK Hefner Einheit bei 220 Volt ca. 55 Watt verbraucht.

Leuchtkraft in Hefner-Kerzen		1	10	13	16	20	25	32	50	100
Mittlerer Wattverbrauch bei Volt Spannung	Volt:									
	45÷70	18	26	34	42	52	65	84	140	280
			31	40	50	62	78	100		
	95÷130		36	70	58	72	90	111		
			42	55	67	84	100	121		
	145÷150		36		58		90	100	150	
					50	62	78			
	200÷250		40					100	150	
					58	72	90			

Unsere Grundgleichung zur Berechnung einer Gleichstrom-Zweileiterleitung lautete:

$$q = \frac{J.2.l}{k.\varepsilon}$$

Nun ist aber meine Leistung in Watt

$$A = J.E$$

und die Querschnitts-Formel einer Leitung, bei der der Konsum in Watt angegeben ist, ändert sich demnach in

$$q = \frac{J.E.2.l}{k.E.\varepsilon} = \frac{A.2.l}{k.E.\varepsilon}.$$

Habe ich nun aber statt J in Amp. n Glühlampen à 55 Watt, so erhalte ich meine Lampen-Formel

$$q = \frac{n.55.2.l}{k.E.\varepsilon} = \frac{n.l.110}{k.E.\varepsilon}.$$

In obenstehender Berechnung dürfen wir einen maximalen Spannungsverlust von $\varepsilon = 2$ Volt, der sich bei $a---a$ befindet, nicht überschreiten. Es berechnen sich also die Querschnitte $q_1 = q_2 = q_3$ nach der oben entwickelten Lampenformel zu

$$q = \frac{n.55.2.l}{k.E.\varepsilon} = \frac{(100+170).2.50.55 + 170.2.50.55}{57.220.2} =$$
$$= \infty\ 96\ \text{qmm}.$$

Bevor wir den in einem besonderen Kapitel berechneten Spannungsabfall im Knotenpunkte in allgemeine Formeln fassen, wollen wir noch einige Variationen mit Hülfe obiger Methode ausführen, um klarzulegen, wie das Kupferminimum rechnerisch schnell und sicher gefunden werden kann.

Es soll nachstehendes Leitungssystem mit seinen Aequipotentialpunkten *I*, *II*, *III* und *IV* bezw. seiner Stromvertheilung und seiner Querschnitte berechnet werden (Fig. 13). Das Netz soll nach dem Dreileitersystem für eine Spannung von 240 Volt zwischen den Aussenleitern bei 1,5 Volt Verlust pro Leiter berechnet werden. Den Nullleiter sammeln wir nach dem Princip der A. E. G. nach Punkt *II*. Die Entfernungen der Speisepunkte von der Centrale betragen

Berechnung zusammengesetzter Leitungen. 23

$$L_1 = 220 \text{ m}$$
$$L_2 = 100 \text{ „}$$
$$L_3 = 280 \text{ „}$$
$$L_4 = 400 \text{ „}$$

Der Verlust in den Speiseleitungen betrage pro Leiter 5 Volt, was

$$2 \cdot 120 + 2 \cdot 5 = 250 \text{ Volt}$$

Klemmenspannung ergeben würde.

Im Leitungsstrang $III\,K$ haben wir ausser der Belastung von 20 Glühlampen à 16 NK (die Zahlen bedeuten gleichzeitig brennende Glühlampen à 16 NK) noch einen Motor von

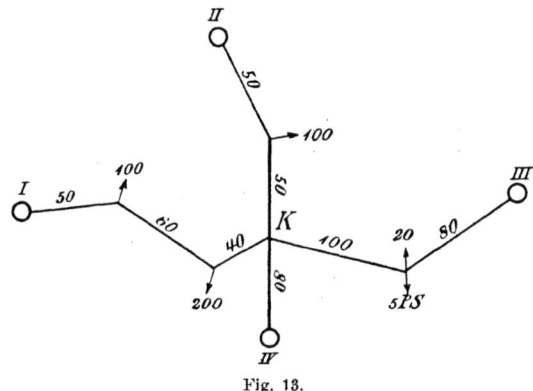

Fig. 13.

5 P S mit Energie zu versorgen. Aus nachstehender Tabelle ergiebt sich pro P S bei 5 P S 900 Watt und würde demnach der Gesammtverbrauch betragen:

$$A = 5 \cdot 900 = 4500 \text{ Watt.}$$

Nach der Tabelle für den Energieverbrauch von Glühlampen (S. 21) ersehen wir, dass eine Lampe von 16 NK bei 120 Volt 50 Watt verbraucht, es ergiebt sich also für die 4500 Watt ein Aequivalent von

$$\frac{4500}{50} = 90 \text{ Glühlampen.}$$

Dennoch wäre die Gesammtbelastung der Strecke $III\,K$

$$20 + 90 = 110 \text{ Lampen.}$$

I. Gleichstrom.

Leistung in P S	Wattverbrauch pro P S	Wirkungsgrad η
1 bis 2	1000	0,736
3 „ 5	900	0,82
6 „ 10	870	0,845
11 „ 15	860	0,857
16 „ 25	853	0,864
26 „ 35	848	0,869
36 „ 50	842	0,875
51 „ 70	837	0,88
71 „ 100	830	0,887
101 „ 130	822	0,896
131 „ 170	815	0,902
171 „ 230	805	0,913

Die Belastung des Knotenpunktes K berechnet sich also zu:

$$\begin{aligned}
B_0 &= 0 \\
B_1 &= 180 \\
B_2 &= 50 \\
B_3 &= \infty\ 49 \\
B_4 &= 0 \\
\hline
\sum_{0}^{4}(B) &= 279 \text{ Lampen.}
\end{aligned}$$

Unsere Gesammtlängen sind:

$$\begin{aligned}
L_1 &= 150 \text{ m} \\
L_2 &= 100 \text{ „} \\
L_3 &= 180 \text{ „} \\
L_4 &= 80 \text{ „} \\
\hline
\sum_{1}^{4}(L) &= 510 \text{ m.}
\end{aligned}$$

Die Querschnitte sollen einander gleich sein und der bequemeren Rechnung halber

$$q_1 = q_2 = q_3 = q_4 = 600.$$

Berechnung zusammengesetzter Leitungen.

Es ist dann:

$$\frac{q_1}{L_1} = 4$$

$$\frac{q_2}{L_2} = 6$$

$$\frac{q_3}{L_3} = 3{,}33$$

$$\frac{q_4}{L_4} = 7{,}5$$

$$\sum_1^4 \left(\frac{q}{L}\right) = 20{,}83.$$

und meine Netzkonstante ergiebt sich zu:

$$C = \frac{279}{20{,}83} = 13{,}39$$

Folglich sind unsere Partialströme:

$p_1 = 4 \quad . \; 13{,}39 - 180 = \qquad\quad -126{,}4$
$p_2 = 6 \quad . \; 13{,}39 - 50 = + \;\; 30{,}4$
$p_3 = 3{,}33 . \; 13{,}39 - 49 = \qquad\quad - \;\;\; 4{,}3$
$p_4 = 7{,}5 \; . \; 13{,}39 - 0 = + 100{,}3$
$\qquad\qquad\qquad\qquad\qquad + 130{,}7 - 130{,}7$

Die Differenz ist in diesem Falle 0, da die reelle Belastung B_0 des Knotenpunktes K ebenfalls 0 ist.

Der grösste Spannungsverlust liegt also auf der Strecke $I\,K$ in der zweiten Konsumstelle vom Speisepunkt. Dieser Punkt bekommt 126,4 Lampen von K und müsste der Aequipotentialpunkt I

$$200 - 126{,}4 = 73{,}6 \infty\; 74$$

Glühlampen liefern.

Die gesammte Belastung der Speisepunkte wäre also:

$T_1 = (100 + 200) - 126 = 174$
$T_2 = 100 \,+\;\; 30 = 130$
$T_3 = 110 \,-\;\;\;\; 4 = 106$
$T_4 = 0 \,+ 100 = 100$
$\qquad\qquad\qquad\qquad\quad 510$ Lampen.

Unsere Querschnittformel für Zweileiter lautete:

$$q = \frac{J \,.\, 2 \,.\, l}{k \,.\, \varepsilon}$$

I. Gleichstrom.

und für Berechnung mit Glühlampen

$$q = \frac{n \cdot a \cdot 2 \cdot l}{k \cdot E \cdot \varepsilon}$$

worin n die Lampenzahl und a den Energieverbrauch, in diesem Falle 50 Watt pro Lampe, angab.

Ein Dreileiternetz hat nun aber die doppelte Spannung einer Zweileiteranlage, wenn die Spannung zwischen einem Aussenleiter und der Nullleitung gleich der der Zweileiteranlage zwischen beiden Leitern ist. Folglich wird auch die Stromstärke bei derselben Energiemenge auf die Hälfte reduzirt, denn ist E die Spannung in Volt, J die Stromstärke in Amp. und A die Leistung in Watt, so ist doch bei Zweileiter:

$$A = E \cdot J$$

und bei Dreileiter:

$$A = \frac{2 \cdot E \cdot J}{2}$$

Unsere Querschnittsformeln sind also zu ändern in

$$q = \frac{J \cdot 2 \cdot l}{k \cdot (2 \cdot \varepsilon) \cdot 2} = \frac{J \cdot l}{k \cdot \varepsilon \cdot 2}$$

oder für Lampen:

$$q = \frac{n \cdot a \cdot 2 \cdot l}{k \cdot E \cdot \varepsilon \cdot 4} = \frac{n \cdot a \cdot l}{k \cdot E \cdot \varepsilon \cdot 2}$$

In unserem Falle wäre demnach

$$q = \frac{n \cdot 50 \cdot l}{k \cdot 240 \cdot 1{,}5 \cdot 2}$$

und unsere Querschnitte berechnen sich wie folgt:

$$q_1 = \frac{(174 \cdot 50 \cdot 50) + (74 \cdot 50 \cdot 60)}{57 \cdot 240 \cdot 1{,}5 \cdot 2} = 16 \text{ qmm}$$

und sind die übrigen Querschnitte q_2, und q_3 und q_4 denen gleich.

Die Querschnitte der Speiseleitungen dagegen sind:

$$Q_1 = \frac{174 \cdot 220 \cdot 50}{57 \cdot 240 \cdot 5 \cdot 2} = \quad 14 \text{ qmm}$$

$$Q_2 = \frac{130 \cdot 100 \cdot 50}{57 \cdot 240 \cdot 5 \cdot 2} = \infty \quad 5 \quad _{,,}$$

$$Q_3 = \frac{106 \cdot 280 \cdot 50}{57 \cdot 240 \cdot 5 \cdot 2} = \infty \, 11 \text{ qmm}$$

$$Q_4 = \frac{100 \cdot 400 \cdot 50}{57 \cdot 240 \cdot 5 \cdot 2} = \infty \, 15 \text{ „}$$

Wenn auch die berechneten Querschnitte hierfür keine feuersicheren sind, so wollen wir sie unseren weiteren Berechnungen dennoch zu Grunde legen.

Das gesammte Kupfervolumen der Aussenleiter berechnet sich hieraus zu:

$$V = 2 \left[\Sigma(q \cdot L) + \Sigma(Q \cdot L') \right]$$

Also:

$$2 \Sigma(q \cdot L) = 16{,}32 \text{ dm}^3$$
$$2 \Sigma(Q \cdot L') = 25{,}32 \text{ „}$$
$$\overline{41{,}64 \text{ „}}$$

Den Nulleiter wollen wir nach dem der Centrale zunächst gelegenen Punkt II sammeln, von einer Berechnung des Nullleiters aber ganz absehen. Man macht den Mittelleiter in der Regel halb so stark als einen Aussenleiter, und wollen wir diesen Grundsatz auch hier beibehalten. Sind Motoren oder sonstige Apparate an das Netz angeschlossen, die ihren Strom direkt aus den Aussenleiter beziehen, so braucht der Nullleiter auch nur die halbe Stärke dieser Leitung zu besitzen, wenn erstere ihrem Querschnitt nach nicht für Motoren berechnet wären.

In vorliegendem Fall sollen nun die Querschnitte des neutralen Leiters auf den Strecken IK, $IIIK$ und IVK gleich sein, und ist demnach:

$$q_n = \frac{q}{2} = \frac{16}{2} = 8 \text{ qmm.}$$

In K vereinigen sich sämmtliche Nullleiter und gehen, die vier Leitungsstränge berücksichtigend, mit einem Querschnitt von

$$4 \cdot 8 = 32 \text{ qmm}$$

in einem Strang nach der Centrale.

Viele Versuche haben bewiesen, dass die neutrale Leitung stets zu stark projektirt wird, und ist bei den Versuchen mittels eingeschalteter Ampèremeter festgestellt, dass im höchsten Fall 15 % von dem aus der Centrale kommenden Strom, durch ungleiche Belastung im Mittelleiter zurückgeführt wird.

An einem weiteren Beispiel wollen wir die Differenz der Kupfervolumen beistimmen, wenn wir Querschnitte und Längen in bestimmte Verhältnisse bringen.

1. Die in Fig. 14 eingetragenen Konsumzahlen bedeuten Amp., und sollen die Entfernungen der Speiseleitungen betragen: $D_1 = 250$, $D_2 = 600$, $D_3 = 400$ m.

Es ist nun:
$$B_0 = 80$$
$$B_1 = 154$$
$$B_2 = 0$$
$$B_3 = 66{,}6$$
$$B_4 = 75$$
$$\sum_0^4(B) = 375{,}6 \text{ Amp.}$$

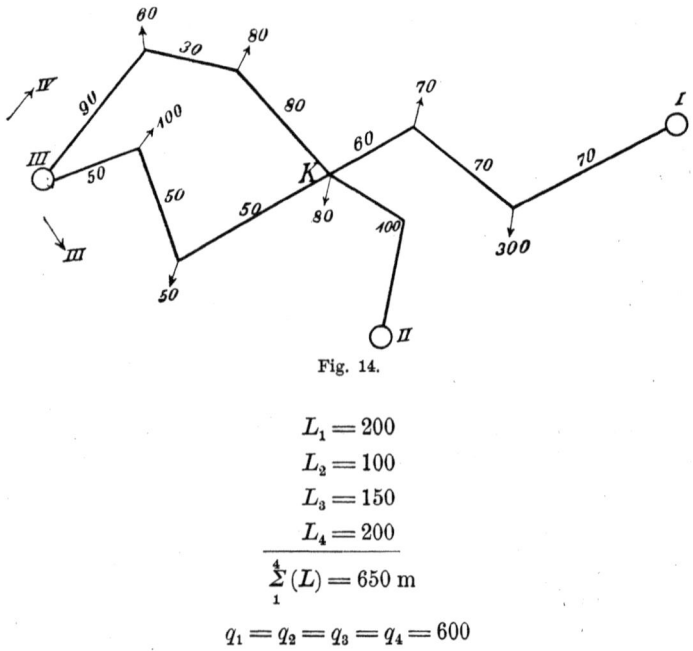

Fig. 14.

$$L_1 = 200$$
$$L_2 = 100$$
$$L_3 = 150$$
$$L_4 = 200$$
$$\sum_1^4(L) = 650 \text{ m}$$
$$q_1 = q_2 = q_3 = q_4 = 600$$

Berechnung zusammengesetzter Leitungen.

$$\frac{q_1}{L_1} = \frac{600}{200} = 3$$

$$\frac{q_2}{L_2} = \frac{600}{100} = 6$$

$$\frac{q_3}{L_3} = \frac{600}{150} = 4$$

$$\frac{q_4}{L_4} = \frac{600}{200} = 3$$

$$\sum_1^4 \left(\frac{q}{L}\right) = 16$$

Folglich die Netzkonstante:

$$C = \frac{\sum_0^4 (B)}{\sum_1^4 \left(\frac{q}{L}\right)} = \frac{375{,}6}{16} = 23{,}47$$

und die Partialströme:

$p_1 = 3 \cdot 23{,}47 - 154 \ \ = -\ 83{,}5$
$p_2 = 6 \cdot 23{,}47 - \ \ \ 0 \ \ = +140{,}8$
$p_3 = 4 \cdot 23{,}47 - \ 66{,}6 = +\ 27{,}2$
$p_4 = 3 \cdot 23{,}47 - \ \ 75 \ \ = -\ \ \ 4{,}5$
$\overline{\hspace{6em} +\ 80\ = B_0.}$

Der maximale Spannungsabfall liegt also auf der Strecke IK im Punkte 300, und zwar erhält derselbe von K

$$83{,}5 - 70 = 13{,}5 \text{ Amp.},$$

während Speisepunkt I

$$300 - 13{,}5 = 286{,}5 \text{ Amp.}$$

zu liefern hat.

Es sind ferner die totalen Belastungen der Speisepunkte:

$T_1 = 286{,}5$
$T_2 = 140{,}8$
$T_3 = 312{,}7$

$$\sum_1^3 (T) = 740 \ \ \text{Amp.}$$

und der gemeinsame Querschnitt der Leitungen ist:

$$q = \frac{286{,}5 \cdot 70 \cdot 2}{57 \cdot 1{,}5} = 469{,}1 \text{ qmm.}$$

Die Querschnitte der Speiseleitungen dagegen berechnen sich zu:

$$Q_1 = \frac{286{,}5 \cdot 250 \cdot 2}{57 \cdot 10} = 251{,}1 \text{ qmm}$$

$$Q_2 = \frac{140{,}8 \cdot 600 \cdot 2}{57 \cdot 10} = 296{,}4 \text{ ,,}$$

$$Q_3 = \frac{312{,}7 \cdot 400 \cdot 2}{57 \cdot 10} = 437{,}6 \text{ ,,}$$

Das gesammte Leitungsmaterial erhalten wir also durch Addition beider Leitungsvolumen zu

$$2 \Sigma(q \cdot L) = 609{,}83 \text{ dm}^3$$
$$2 \Sigma(Q \cdot D) = 831{,}31 \text{ ,,}$$
$$\overline{V = 1441{,}14 \text{ dm}^3.}$$

2. Nehmen wir an, q_1 sei $= q_2$, aber doppelt so gross als q_3 oder q_4, so ist der Gang unserer Rechnung wie folgt:

$$q_1 = q_2 = 600$$
$$q_3 = q_4 = \frac{600}{2} = 300 \cdot$$

Es ist dann weiter:

$$\frac{q_1}{L_1} = \frac{600}{200} = 3$$

$$\frac{q_2}{L_2} = \frac{600}{100} = 6$$

$$\frac{q_3}{L_3} = \frac{300}{150} = 2$$

$$\frac{q_4}{L_4} = \frac{300}{200} = 1{,}5$$

$$\overline{\sum_1^4 \left(\frac{q}{L}\right) \quad = 12{,}5}$$

Da bei allen weiteren Variationen $\overset{4}{\underset{0}{\Sigma}}(B)$ konstant bleibt, erhalten wir unsere Netzkonstante

$$C = \frac{375{,}6}{12{,}5} = 30$$

und berechnen sich die Partialströme

$$p_1 = 3 \cdot 30 - 154 = -64$$
$$p_2 = 6 \cdot 30 - 0 = +180$$
$$p_3 = 2 \cdot 30 - 66{,}6 = -6{,}6$$
$$p_4 = 1{,}5 \cdot 30 - 75 = -30$$
$$\overline{\phantom{p_4 = 1{,}5 \cdot 30 - 75 = -}80{,}6 \infty B_0.}$$

Berechnung zusammengesetzter Leitungen.

Hierbei stossen wir auf drei maximale Spannungsabfälle, von denen der erstere auf der Strecke IK im Punkte 70, der zweite auf $III\,K$ in 50 und endlich der dritte auf $III\,(IV)\,K$ in 80 liegt.

Punkt 70 auf $I\,K$ erhält also von K 64 Amp. und von Speisepunkt I noch

$$70 - 64 = 6 \text{ Amp.}$$

Punkt 50 auf $III\,K$ 6 Amp. vom Knotenpunkt und

$$50 - 6 = 44 \text{ Amp.}$$

von III, und Punkt 80 auf $III\,(IV\,K)$ endlich 30 Amp. von K und

$$80 - 30 = 50 \text{ Amp.}$$

von III.

Wollen wir noch analytisch nachweisen, welcher Punkt den maximalen Abfall erleidet, so setzen wir für Punkt 70 auf $I\,K$

$$300 \cdot 70 = 21\,000$$
$$6 \cdot 140 = 840$$
$$\overline{21\,840} : 2 = 10\,920,$$

für Punkt 50 auf $III\,K$

$$100 \cdot 50 = 5000$$
$$44 \cdot 100 = 4400$$
$$\overline{9400} : 1 = 9400$$

und endlich für Punkt 80 auf $III\,(IV)\,K$

$$60 \cdot 90 = 5400$$
$$50 \cdot 120 = 6000$$
$$\overline{11\,400} : 1 = 11\,400.$$

Wir haben also, da der letzte Werth der grösste ist, im Punkt 80 auf $III\,(IV)\,K$ den grössten Spannungsabfall und müssen danach unsere Querschnitte wie folgt berechnen:

$$q_3 = q_4 = \frac{11\,400 \cdot 2}{57 \cdot 1{,}5} = 266{,}6 \text{ qmm}$$

und

$$q_1 = q_2 = 2 \cdot q_3 = 2 \cdot q_4 = 533{,}2 \text{ qmm.}$$

Als Totalbelastungen für die Speisepunkte erhalten wir:

$$T_1 = 306$$
$$T_2 = 180$$
$$T_3 = 254$$
$$\sum_1^3 (T) = 740 \text{ Amp.},$$

woraus sich die Speiseleitungen ergeben zu:

$$Q_1 = \frac{306 \cdot 250 \cdot 2}{57 \cdot 10} = 268{,}4 \text{ qmm}$$

$$Q_2 = \frac{180 \cdot 600 \cdot 2}{57 \cdot 10} = 378{,}9 \quad „$$

$$Q_3 = \frac{254 \cdot 400 \cdot 2}{57 \cdot 10} = 356{,}4 \quad „$$

Das gesammte Leitungsvolumen setzt sich zusammen aus

$$2 \Sigma (q \cdot L) = 506{,}54 \text{ dm}^3$$
$$2 \Sigma (Q \cdot D) = \underline{874 \quad „}$$
$$1380{,}54 \text{ dm}^3.$$

3. Es sollen die Querschnitte den Längen umgekehrt proportional sein und nehmen wir deshalb:

$$q_1 = \frac{\lambda}{L_1}$$
$$q_2 = \frac{\lambda}{L_2}$$
$$q_3 = \frac{\lambda}{L_3}$$
$$q_4 = \frac{\lambda}{L_4}$$

und setzen hierin $\lambda = 90\,000$, woraus wir erhalten

$$\frac{q_1}{L_1} = 2{,}25$$
$$\frac{q_2}{L_2} = 9$$
$$\frac{q_3}{L_3} = 4$$
$$\frac{q_4}{L_4} = 2{,}25$$
$$\sum_1^4 \left(\frac{q}{L}\right) = 17{,}50$$

folglich die Netzkonstante
$$C = \frac{375,6}{17,50} = 21,46$$

und hieraus die Partialströme

$p_1 = 2,25 \cdot 17,5 - 154 = -105,70$
$p_2 = 9 \cdot 17,5 - 0 = +193,14$
$p_3 = 4 \cdot 17,5 - 66,6 = + 19,24$
$p_4 = 2,25 \cdot 17,5 - 75 = - 26,70$
$\phantom{p_4 = 2,25 \cdot 17,5 - 75 = -\,}\overline{79,98 \infty B_0.}$

Der maximale Spannungsverlust liegt diesmal auf den Strecken IK und IVK. Punkt 300 auf IK erhält demnach vom Aequipotentialpunkt I

$$300 - (105,7 - 70) = 264,3 \text{ Amp.}$$

und Punkt 80 auf IVK

$$80 - 26,7 = 53,3 \text{ Amp.}$$

vom Speisepunkte III.

Als Kriterium für den ersten Punkt erhalten wir

$$264,3 \cdot 70 = 18\,501,0$$

und für den zweiten

$60 \cdot 90 = 5\,400$
$53,3 \cdot 120 = \underline{6\,396}$
$11\,796$

Der Querschnitt für einen maximalen Verlust in IK ist

$$q_1 = q_2 = 453,8 \text{ qmm}$$

und

$$q_3 = q_4 = 340,4 \text{ qmm.}$$

Die Belastungen der Speisepunkte sind:

$T_1 = 264,3 \text{ Amp.}$
$T_2 = 193,14 \phantom{\text{Amp}} \text{„}$
$T_3 = \underline{282,54 \phantom{\text{Amp}} \text{„}}$
$\overset{3}{\underset{1}{\Sigma}} (T) = 739,98 \text{ Amp.}$

34   I. Gleichstrom.

Die Speiseleitungen ergeben Querschnitte von

$$Q_1 = 231,8 \text{ qmm}$$
$$Q_2 = 406,6 \text{ „}$$
$$Q_3 = 396,5 \text{ „}$$

und das Materialvolumen setzt sich zusammen aus:

$$\Sigma(q \cdot L) = 510{,}480 \text{ dm}^3$$
$$\underline{\Sigma(Q \cdot D) = 881{,}260 \text{ „}}$$
$$V = 1391{,}740 \text{ dm}^3$$

4. Es seien die Querschnitte umgekehrt proportional von der Centrale aus, und zwar sollen auf q_3 und q_4, die doch einen gemeinsamen Speisepunkt haben, nur die halben Werthe entfallen.

Wir bilden also:

$$q_1 = \frac{\lambda}{D_1} = \frac{\lambda}{250}$$
$$q_2 = \frac{\lambda}{D_2} = \frac{\lambda}{600}$$
$$q_3 = \frac{\lambda}{D_3} = \frac{\lambda}{400}$$
$$q_4 = \frac{\lambda}{D_4} = \frac{\lambda}{400}$$

Nehmen wir für $\lambda = 480\,000$ an, so erhalten wir:

$$\frac{q_1}{L_1} = \frac{1920}{200} = 9{,}6$$
$$\frac{q_2}{L_2} = \frac{800}{100} = 8$$
$$\frac{q_3}{L_3} = \frac{1200}{150} = 8$$
$$\frac{q_4}{L_4} = \frac{1200}{200} = 8$$
$$\sum_1^4 \left(\frac{q}{L}\right) = 31{,}6$$

und unsere Netzkonstante ergiebt sich zu:

$$C = \frac{375{,}6}{31{,}6} = 11{,}88.$$

Berechnung zusammengesetzter Leitungen. 35

Die Partialströme berechnen sich folglich zu:

$$p_1 = 9,8 \cdot 11,88 - 154 = -41$$
$$p_2 = 8 \cdot 11,88 - 0 = +95$$
$$p_3 = 8 \cdot 11,88 - 66,6 = +28,56$$
$$p_4 = 6 \cdot 11,88 - 75 = -3,7$$
$$\overline{+78,86 \infty B_0}$$

Auf IK und $IV K$ liegen wiederum die grössten Spannungsverluste, und zwar bekommt Punkt 70 auf IK 41 Amp. von K und 29 vom Speisepunkt I, während Punkt 80 auf $IV K$ mit 3,7 Amp. von K und 76,3 Amp. von III versorgt wird.

Als Kriterium für den ersten Punkt erhalten wir diesmal:

$$300 \cdot 70 = 21000$$
$$29 \cdot 140 = 4060$$
$$\overline{25060 \cdot 2,5 = 62650}$$

und für den zweiten Punkt:

$$60 \cdot 90 = 5400$$
$$76,3 \cdot 120 = 915,6$$
$$\overline{6315,6 \cdot 4 = 25262,4}$$

Wie schon vorauszusehen war, liegt ε_{max} auf IK und ist deshalb

$$q_1 = \frac{62650 \cdot 2}{57 \cdot 1,5} = 1465 \text{ qmm}$$

$$q_2 = \frac{2 \cdot q_1}{3} = \frac{2 \cdot 1465}{3} = 976,6 \text{ qmm}$$

$$q_3 = q_4 = \frac{q_1}{5} = \frac{1465}{5} = 293 \text{ qmm}$$

Die Speisepunktbelastungen sind also:

$$T_1 = 329 \text{ Amp.}$$
$$T_2 = 95$$
$$T_3 = 316$$
$$\overline{\sum_{1}^{3}(T) = 740 \text{ Amp.}}$$

3*

I. Gleichstrom.

Die dazugehörigen Speiseleitungen berechnen sich nun:

$$Q_1 = \frac{329 \cdot 2 \cdot 250}{57 \cdot 10} = 288{,}6 \text{ qmm}$$

$$Q_2 = \frac{95 \cdot 2 \cdot 600}{57 \cdot 10} = 200 \quad \text{„}$$

$$Q_3 = \frac{316 \cdot 2 \cdot 400}{57 \cdot 10} = 443{,}5 \quad \text{„}$$

und das Kupfervolumen:

$$2\,\Sigma(q \cdot L) = 986{,}420 \text{ dm}^3$$
$$2\,\Sigma(Q \cdot D) = 739{,}100 \text{ „}$$
$$\overline{V = 1725{,}520 \text{ dm}^3}$$

5. Am einfachsten wird unsere Rechnung, wenn wir unsere Querschnitte q direkt proportional den dazugehörigen Längen L setzen. Wenn wir auch in diesem Falle das günstigste Kupfervolumen erzielen, so kann dasselbe doch leicht bei ungünstiger Lage der Speisepunkte Dimensionen annehmen, dass eine Ausführung wegen der bedeutenden Kosten völlig ausgeschlossen ist.

Wir setzen also:

$$\frac{q_1}{L_1} = \frac{q_2}{L_2} = \frac{q_3}{L_3} = \frac{q_4}{L_4} = 1$$

und

$$\Sigma\left(\frac{q}{L}\right) = 4$$

folglich unsere Konstante

$$C = \frac{375{,}6}{4} = 93{,}9$$

und die Partialströme

$$p_1 = 93{,}9 - 154 = -60{,}1$$
$$p_2 = 93{,}9 - 0 = +93{,}9$$
$$p_3 = 93{,}9 - 66{,}6 = +27{,}3$$
$$p_4 = 93{,}9 - 75 = +18{,}9$$
$$\overline{\phantom{p_4 = 93{,}9 - 75 \;\; = }+80 = B_0}$$

Auf IK in 70 liegt also unser maximaler Verlust, und berechnen sich nun die Querschnitte zu:

Berechnung zusammengesetzter Leitungen. 37

$$q_1 = \frac{q_1 \cdot L_1}{L_1} = \frac{523{,}0 \cdot 200}{200} = 523{,}6 \text{ qmm}$$

$$q_2 = \frac{q_1 \cdot L_2}{L_1} = \frac{523{,}6 \cdot 100}{200} = 261{,}8 \text{ „}$$

$$q_3 = \frac{q_1 \cdot L_3}{L_1} = \frac{523{,}6 \cdot 150}{200} = 442{,}7 \text{ „}$$

$$q_4 = \frac{q_1 \cdot L_4}{L_1} = \frac{523{,}6 \cdot 200}{200} = 223{,}6 \text{ „}$$

Die Totalbelastungen von *I*, *II* und *III*:

$$T_1 = 309{,}9 \text{ Amp.}$$
$$T_2 = 93{,}9 \text{ „}$$
$$T_3 = 336{,}2 \text{ „}$$
$$\sum_{1}^{3}(T) = 740{,}0 \text{ Amp.}$$

und die Speiseleitungen

$$Q_1 = \frac{309{,}9 \cdot 2 \cdot 250}{57 \cdot 10} = 271{,}8 \text{ qmm}$$

$$Q_2 = \frac{93{,}9 \cdot 2 \cdot 600}{57 \cdot 10} = 197{,}8 \text{ „}$$

$$Q_3 = \frac{336{,}2 \cdot 2 \cdot 400}{57 \cdot 10} = 471{,}6 \text{ „}$$

Das gesammte Kupfervolumen demnach

$$2 \Sigma (q \cdot L) = 604{,}050 \text{ dm}^3$$
$$2 \Sigma (Q \cdot D) = 750{,}360 \text{ „}$$
$$V = 1354{,}410 \text{ dm}_3$$

Vergleichen wir unsere gefundenen Kupferwerthe, so erhalten wir

$$V_1 = 1441{,}14 \text{ dm}^3$$
$$V_2 = 1380{,}54 \text{ „}$$
$$V_3 = 1391{,}74 \text{ „}$$
$$V_4 = 1725{,}52 \text{ „}$$
$$V_5 = 1354{,}41 \text{ „}$$

Es hat also V_5 das geringste Kupfervolumen aufzuweisen, und wir erhalten, wenn wir vergleichsweise das grösste Volumen V_4 als Einheit aufstellen:

$V_1 = 0,84$
$V_2 = 0,8$
$V_3 = 0,81$
$V_4 = 1,00$
$V_5 = 0,78$

Wir sehen also, dass wir bei demselben Netz und gleichem Konsum doch zu ganz verschiedenen Kupfergewichten und dadurch auch zu mehr oder minder günstigen Kosten gelangen können. Selbstverständlich wird stets das günstigste Resultat in Ausführung gebracht werden. Bei vorstehenden Berechnungen haben wir in Fall 5 dem Fall 4 gegenüber eine Ersparniss von ∞ 27 %.

Mit den 5 hier aufgeführten Rechnungen ist dem Gang der Berechnung im Allgemeinen noch lange keine Grenze gesetzt. Für alle möglichen Fälle können wir unendlich viele Variationen ausführen, die zu günstigen oder minderwerthigen Resultaten führen. In der Praxis bekommt man aber nach einigen bearbeiteten Projekten schon so viel Ueberblick, dass man höchstens zwischen zwei oder drei Fällen schwankt, und wären dies hauptsächlich der erste, zweite und fünfte.

Diese Methode der Netzberechnung kann ohne weiteres für jedes, auch noch so komplicirte Netz angewandt werden. Etwaige Verbindungsleitungen werden aufgeschnitten und so dimensionirt, dass sie bei der Berechnung nur als Ausläufer mit gleichen Spannungsabfall zu berücksichtigen sind.

Nachstehende Erläuterung wird das ungewisse Suchen nach einem Kupferminimum noch besonders erleichtern.

Addiren wir nämlich den Konsum einer Verteilungsstrecke vom Speisepunkt bis zum Knotenpunkt zu den Partialströmen der anderen in K mündenden Strecken, so ergiebt sich die Gesammtbelastung dieses Speisepunktes zu

$$T = P + p$$

wenn wir mit P die Summe aller Belastung der betreffenden Strecke bezeichnen. Dabei kann $\sum_{1}^{n}(p)$ sehr leicht einen negativen Werth ergeben, denn sind sämmtliche Partialströme dieser Leitungen z. B. negativ, so ist der Partialstrom der zu

Berechnung zusammengesetzter Leitungen. 39

berechnenden Strecke gleich der Summe der ideellen und reellen Belastungen von K.

In unserem Beispiel wäre also die Totalbelastung der Speisepunkte

$$T_1 = P_1 + p_1$$
$$T_2 = P_2 + p_2$$
$$T_3 = P_3 + p_3 + p_4$$

worin uns wiederum die Streckenbelastungen P bekannt sind als:

$$P_1 = 370 \text{ Amp.}$$
$$P_2 = 0 \text{ „}$$
$$P_3 = 290 \text{ „}$$

Der Querschnitt der betreffenden Speiseleitung wird also, wenn wir mit c den Widerstand des Leitungsmaterials in Ω ausdrücken:

$$Q = \frac{2 \cdot D \cdot (P+p) \cdot c}{\varepsilon}$$

Es wird also auch das Kupfervolumen

$$V = 2\, \Sigma(L \cdot q) + \frac{4 \cdot c}{\varepsilon} \cdot \Sigma(D^2 \cdot P) + \frac{4 \cdot c}{\varepsilon} \Sigma(D^2 \cdot p)$$

Hieraus ist leicht ersichtlich, dass die Gesammtbelastung P der einzelnen Speisepunkte nicht im geringsten von den Querschnitten q der Leitungsstrecken abhängt, und kann somit auch noch Faktor 2 weggelassen werden, denn das Volumen V ist ja doch nur vom ersten und zweiten der Gleichung abhängig.

Wir finden nun die günstigste Bedingung für das Kupfervolumen in der Formel

$$V = (L \cdot q) + \frac{2 \cdot c}{\varepsilon} \Sigma(D^2 \cdot p)$$

Aber auch die Bestimmung der Lage der Speisepunkte kann durch diese Methode leicht ermittelt werden, und eben so leicht lässt sich feststellen, um wieviel das Kupfervolumen, und somit auch der Preis wächst oder fällt, wenn die Speisepunkte ihrer Lage nach verschoben werden.

II. Erwärmung und Feuersicherheit der Leitungen.[*]

Bei der Temperaturerhöhung in elektrischen Leitungen kommen die Querschnitte, die abkühlende Oberfläche, der innere Widerstand und die Stromstärke bei der Berechnung in Betracht, und wird die Temperatur bei konstantem Querschnitt mit zunehmender Energiemenge stets wachsen.

Es ist nun

$$t = C_I \frac{\mathfrak{E}}{O}$$

wobei bedeutet:

$t =$ Temperaturerhöhung in °C.

$\mathfrak{E} =$ der durch die Leitung gesandte Effekt in Watt

$C_I =$ eine Konstante

$O =$ die Oberfläche in qmm.

Nach dem Joule'schen Gesetz ist

$$\mathfrak{E} = J^2 \cdot W$$

und bezeichnet J die Stromstärke in Amp. und W den Widerstand der Leitung in Ohm, Setzt man nun in der Gleichung

$$W = \frac{L \cdot \omega}{Q}$$

für L die Leitungslänge in m,

---

[*] s. Hochenegg, Anordnung und Bemessung elektrischer Leitungen.

II. Erwärmung und Feuersicherheit der Leitungen.

für Q den Querschnitt in qmm und
für ω den specifischen Widerstand des Materials, so wird

$$\mathfrak{E} = J^2 \cdot \frac{L \cdot \omega}{Q}$$

Für die Oberfläche erhalten wir, wenn wir L in Metern und den Umfang U in mm einsetzen:

$$O = 1000 \cdot L \cdot U$$

Diese beiden letzten Werthe in die Temperaturformel eingesetzt ergeben

$$t = C_I \cdot \frac{J^2 \cdot L \cdot \omega}{1000 \cdot L \cdot U \cdot Q}$$

oder wenn wir für den Ausdruck

$$\frac{C_I}{1000} = C$$

setzen, erhalten wir

$$t = C \cdot \frac{J^2 \cdot \omega}{U \cdot Q}$$

Diese Temperaturerhöhung ist eine Funktion der Stromstärke, des Querschnitts, des Umfangs und des specifischen Widerstandes. Es ergeben sich hieraus die übrigen Werthe wie folgt:

Zulässige Stromstärke:

$$J = \sqrt{\frac{t \cdot Q \cdot U}{C \cdot \omega}}$$

Zulässige Stromdichte:

$$D = \sqrt{\frac{t \cdot U}{C \cdot Q \cdot \omega}}$$

Der entsprechende Leitungsquerschnitt:

$$Q = J^2 \cdot \frac{C \cdot \omega}{t \cdot U}$$

Der zulässige Spannungsabfall:

$$\varepsilon = L \cdot \sqrt{\frac{t \cdot \omega \cdot U}{C \cdot Q}}$$

Für diese Formeln können Leitungen von beliebig geformten Querschnitten angenommen werden. Da es sich aber bei der Berechnung von Leitungen fast ausschliesslich um solche von kreisrundem Querschnitt handelt, können wir zur Vereinfachung den Durchmesser $= d$, den Umfang $U = d \cdot \pi$ und den Querschnitt $Q = \dfrac{d^2 \cdot \pi}{4}$ setzen.

Es ist also auch

$$U = \sqrt{4 \cdot \pi \cdot Q}$$

Folglich ändern sich obere Formeln bei kreisrundem Querschnitt zu:

Temperaturerhöhung:

$$t = \frac{C \cdot J^2 \cdot \omega}{\sqrt{4\pi} \cdot Q^{3/2}}$$

$$t = C \cdot \frac{4 \cdot J^2 \cdot \omega}{\pi^2 \cdot d^3}$$

Stromstärke:

$$J = \sqrt{\frac{\sqrt{4\pi} \cdot t \cdot Q^{3/2}}{C \cdot \omega}}$$

$$J = \sqrt{\frac{\pi^2 \cdot t \cdot d^3}{4 \cdot C \cdot \omega}}$$

Stromdichte:

$$D = \sqrt{\frac{\sqrt{4\pi} \cdot t}{C \cdot \omega \cdot \sqrt{Q}}}$$

$$D = \sqrt{\frac{4 \cdot t}{C \cdot \omega \cdot d}}$$

Querschnitt:

$$Q = \sqrt{\frac{C}{\sqrt{4\pi} \cdot t} \cdot J^2 \cdot \omega}$$

Durchmesser:

$$d = \sqrt{\frac{4 \cdot C}{\pi^2 \cdot t} \cdot J^2 \cdot \omega}$$

II. Erwärmung nnd Feuersicherheit der Leitungen.

Spannungsverlust:

$$\varepsilon = L \cdot \sqrt{\frac{\sqrt{4\pi} \cdot t \cdot \omega}{C \cdot \sqrt{Q}}}$$

$$\varepsilon = L \cdot \sqrt{\frac{4 \cdot t \cdot \omega}{C \cdot d}}$$

Professor Guido Grassi hat in der „Zeitschrift für Elektrotechnik", Wien 1890. II Seite 68 nach eingehenden Versuchen seine Resultate für den Erwärmungskoefficienten veröffentlicht. Diese Werthe, die sich auf reines Kupfer von 95 % Leitungsfähigkeit beziehen, sind in nachstehenden Tabellen enthalten.

Art des Leiters und der Isolation	Durchmesser in Millimetern		Koefficient C' für Kupferdrähte (von Grassi)	Erwärmungskoefficient $C = \frac{\pi^2}{4} \frac{1}{0{,}0175} \cdot C'$ (nach Hochenegg)
	des Leiters	der Isolation		
Mit grüner Seide bedeckter Draht . .	1,05	1,20	0,178	25,033
Derselbe blank . . .	1,05	—	0,208	29,253
Derselbe blank und glänzend	1,05	—	0,214	30,097
Draht mit Guttapercha	0,70	1,40	0,0908	12,770
Draht mit Guttapercha	1,60	2,70	0,183	25,737
Derselbe mit einer Schicht gelber Baumwolle auf Guttapercha	1,60	3,20	0,190	26,722
Draht mit einer Umhüllung bestehend aus einer Schicht Baumwolle, einer dünneren Schicht Guttapercha, dann Baumwolle u. weisser Lack	0,80	4,00	0,0797	11,209

Hierin setzte Grassi für

$$C' = \frac{4}{\pi^2} \cdot C \cdot \omega$$

44 II. Erwärmung und Feuersicherheit der Leitungen.

und
$$C = \frac{\pi^2 \cdot C'}{4 \cdot w}$$

wobei $\omega = 0{,}0175$ angenommen wurde. Die berechneten Werthe für den Erwärmungskoefficienten wurden der Hochenegg'schen Tabelle entnommen.

In obenstehender Tabelle bemerkt man deutlich die abnehmende Erwärmung bei isolirten Leitungen.

Mit Rücksicht auf die Haltbarkeit der Isolation darf die Temperatur nicht zu sehr gesteigert werden, und nehmen wir deshalb für blanke, sowie für isolirte Leitungen den Erwärmungskoefficienten $32 = C$, und für die Temperaturerhöhung 9^0 C. an, so ändern sich die Werthe unserer Koefficienten der Formeln in:

$$\frac{t}{C} = \frac{9}{32} = 0{,}28$$

$$\frac{C}{t} = \frac{32}{9} = 3{,}55$$

$$\sqrt{4\pi} \cdot \frac{t}{C} = \frac{3{,}545}{3{,}55} = 1$$

$$\frac{\pi^2 \cdot t}{4 \cdot C} = 2{,}4674 \cdot 0{,}28 = 0{,}7$$

$$\frac{4 \cdot t}{C} = 1{,}125$$

$$\frac{C}{\sqrt{4\pi \cdot t}} = 1$$

$$\frac{4 \cdot C}{\pi^2 \cdot t} = 1{,}45$$

Setzen wir nun diese gefundenen Werthe in unsere ursprünglich gefundenen Formeln ein, so ist bei beliebigem Querschnitt:

Die feuersichere Stromstärke:

$$J_f = \sqrt{0{,}28 \cdot \frac{Q \cdot U}{\omega}}$$

II. Erwärmung und Feuersicherheit der Leitungen.

Die feuersichere Stromdichte:
$$D_f = \sqrt{0{,}28 \cdot \frac{U}{Q \cdot \omega}}$$

Der feuersichere Querschnitt:
$$Q_f = 3{,}55 \frac{J^2 \cdot \omega}{U}$$

Der feuersichere Spannungsabfall:
$$\varepsilon_f = L \cdot \sqrt{0{,}28 \cdot \frac{U \cdot \omega}{Q}}$$

Für den kreisrunden Querschnitt ist ferner:

Die feuersichere Stromstärke:
$$J_f = \sqrt{\frac{Q^{3/2}}{\omega}} = \sqrt{0{,}7 \frac{d^3}{\omega}}$$

Die feuersichere Stromdichte:
$$D_f = \sqrt{\frac{1}{\omega \cdot \sqrt{Q}}} = \sqrt{1{,}125 \frac{1}{\omega \cdot d}}$$

Der feuersichere Querschnitt:
$$Q_f = \sqrt[3]{J^4 \cdot \omega^2}$$

Der feuersichere Durchmesser:
$$d_f = \sqrt[3]{1{,}45 \cdot J^2 \cdot \omega}$$

Der feuersichere Spannungsverlust:
$$\varepsilon_f = \frac{L}{\sqrt[4]{\frac{Q}{\omega^2}}} = \sqrt{1{,}125} \cdot \frac{L}{\sqrt{\frac{d}{\omega}}}$$

Nach den Sicherheitsvorschriften für Starkstromanlagen vom „Verband deutscher Elektrotechniker" bestimmt sich die Betriebs- und die Abschmelzstromstärke nach folgender Tabelle zu:

Drahtquerschnitt in qmm	Betriebsstromstärke in Amp.	Abschmelzstromstärke in Amp.
0,75	3	6
1	4	8
1,5	6	12
2,5	10	20
4	15	30
6	20	40
10	30	60
16	40	80
25	60	120
35	80	160
50	100	200
70	130	260
95	160	320
120	200	400
150	230	460
210	300	600
300	400	800
500	600	1000

III. Der Spannungsabfall in Knotenpunkten.

Im vorletzten Kapitel über „Berechnung zusammengesetzter Leitungen mit mehreren Speisepunkten" haben wir im letzten zu Fig. 14 gehörigen Beispiel fünf verschiedene Fälle behandelt, und ein Kupferminimum dadurch zu erreichen gesucht, dass für alle Verbindungsleitungen zwischen Knotenpunkt und Speisepunkten konstante Querschnitte berechnet werden. In Nachstehendem soll nun aber bewiesen werden, dass die gefundenen, an und für sich schon sehr günstigen Resultate noch bedeutend verbessert werden können, und die Rechnung eine unbegrenzte Anzahl Lösungen zulässt, bei denen das Kupfervolumen noch beträchtlich vermindert werden kann, ohne die Güte des Leitungsnetzes zu beeinflussen.

Soll nun, wenn, wie in Fig. 15, dieselben Bezeichnungen wie in dem berechneten Beispiel beibehalten, das Kupfervolumen ein Minimum werden, so erhalten wir:

$$1 \quad \ldots \quad \Sigma(L \cdot q) + \frac{2 \cdot k}{E} \cdot \Sigma(D^2 \cdot p)$$

Wie auch schon früher erwähnt worden ist, muss das erste Glied des Ausdruckes möglichst klein gewählt werden, um bei grösseren Längen L den Querschnitt q nicht zu hoch rechnen zu müssen. Unsere Varianten beweisen jedoch verschiedentlich, dass wir uns auch hier in bestimmten Grenzen bewegen müssen, denn, um die langen Strecken vor zu grossen Querschnitten zu schützen, fallen die Dimensionen die kürzeren Leitungen oft so gross aus, dass auf ihnen dann gewöhnlich kein relativ maximaler Spannungsabfall vorhanden ist.

Betrachten wir nun den Spannungsverlust im Knotenpunkt selbst, und bezeichnen mit B_ν seine ideelle Belastung, und mit p_ν den Partialstrom der dazu gehörigen Strecke ν, so ergiebt sich

$$2 \ldots \ldots \varepsilon = \frac{2 \cdot k \cdot L_\nu \cdot (B_\nu - p_\nu)}{q_\nu}$$

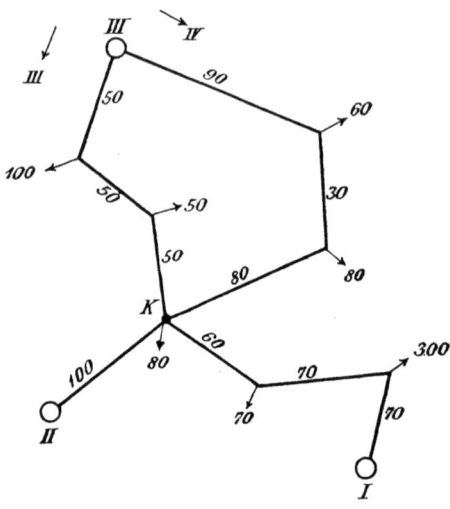

Fig. 15.

oder wenn wir mit C unsere Netzkonstante

$$C = \frac{\sum\limits_{0}^{n} (B)}{\sum\limits_{1}^{n} \left(\frac{q}{L}\right)}$$

bezeichnen, ist

$$3 \ldots \ldots \ldots \varepsilon = 2 \cdot k \cdot C.$$

Es ist aber wohl zu beachten, dass für q die absoluten Werthe eingesetzt werden. Leicht ersichtlich ist ferner hieraus, dass C im Zusammenhang mit ε steht.

III. Der Spannungsabfall in Knotenpunkten.

Setzen wir nun $k = \frac{1}{57}$, so ist

$$\varepsilon = \frac{2 \cdot C}{57}$$

und

$$C = 28{,}5 \cdot \varepsilon.$$

Kombiniren wir den in (2) erhaltenen Werth

$$q_\nu = \frac{2 \cdot c \cdot L_\nu \cdot (B_\nu + p_\nu)}{\varepsilon}$$

mit (1), so erhalten wir, wenn die Konstante ausgeschieden wird

4. . . . . . $\Sigma p \cdot \left(\dfrac{L^2 + D^2}{\varepsilon + E}\right) = \min$

Bezeichnen wir den in einem Hauptzweige auftretenden Spannungsverlust mit $\varDelta$, so erhalten wir aus (4)

5 . . . . . . $\Sigma p \cdot \left(\dfrac{L^2 + D^2}{\varDelta + E}\right)$

worin

$$\Sigma p = B_0$$

Bedingungsgleichung ist.

Hieraus ersehen wir, dass alle Partialströme positiv sein müssen, und erhalten aus (5) und (6) ein Kupferminimum.

Von den Ausdrücken

7 . . . . $\begin{cases} \dfrac{L_1^2 + D_1^2}{\varDelta + E} \\[1ex] \dfrac{L_2^2 + D_2^2}{\varDelta + E} \\[1ex] \quad \cdots \\[1ex] \dfrac{L_n^2 + D_m^2}{\varDelta + E} \end{cases}$

bei denen $n \geq m$ ist, erhalten wir für

$$\frac{L_\nu^2 + D_\mu^2}{\varDelta + E}$$

III. Der Spannungsabfall in Knotenpunkten.

den kleinsten Werth, woraus sich die Bedingungsgleichungen für ein Minimum ergeben zu:

$$8 \quad \begin{cases} p_1 = 0 \\ p_2 = 0 \\ \cdots \\ p_\nu = B_0 \\ \cdots \\ p_n = 0 \end{cases}$$

Ziehen wir nun (2), (3) und (8) zusammen, so erhalten wir für die Querschnitte der Verbindungsleitungen zwischen Knotenpunkt und Speisepunkt

$$9 \quad \begin{cases} q_1 = \dfrac{L_1 \cdot B_1}{C} \\ q_2 = \dfrac{L_2 \cdot B_2}{C} \\ \cdots \\ q_\nu = \dfrac{L_\nu \cdot (B_\nu + B_0)}{C} \\ \cdots \\ q_n = \dfrac{L_n \cdot B_n}{C} \end{cases}$$

wobei sich unsere Netzkonstante zusammensetzt aus

$$C = 28{,}5 \cdot \varDelta.$$

Verwerthen wir die gefundenen Resultate an unserem früheren Beispiel, so ist, wenn sich der maximale Spannungsabfall im Knotenpunkt selbst befinden soll,

$$p_1 + p_2 + p_3 + p_4 = B_0 = 80.$$

Hierbei nehmen wir an, dass

$$p_1 = p_3 = p_4 = 0$$

und

$$p_2 = 80$$

ist und erhalten dafür die Querschnitte

$$q_1 = \dfrac{L_1 \cdot B_1}{C}$$

III. Der Spannungsabfall in Knotenpunkten.

$$q_2 = \frac{L_2 \cdot (B_2 + p_2)}{C}$$

$$q_3 = \frac{L_3 \cdot B_3}{C}$$

$$q_4 = \frac{L_4 \cdot B_4}{C}$$

Setzen wir nun $\Delta = 1$, so ist die Netzkonstante

$$C = 28{,}5.$$

Es betrugen unsere Längen

$L_1 = 200$ m
$L_2 = 100$ „
$L_3 = 150$ „
$L_4 = 200$ „

und die ideellen Knotenpunktbelastungen

$B_1 = 154$ Amp.
$B_2 = 0$ „
$B_3 = 66{,}6$ „
$B_4 = 75$ „

Folglich sind unsere Querschnitte

$$q_1 = \frac{200 \cdot 154}{28{,}5} = 1080 \text{ qmm}$$

$$q_2 = \frac{100 \cdot 80}{28{,}5} = 280 \text{ „}$$

$$q_3 = \frac{150 \cdot 66{,}6}{28{,}5} = 350 \text{ „}$$

$$q_4 = \frac{200 \cdot 75}{28{,}4} = 528 \text{ „}$$

Die Belastungen der Speisepunkte sind:

$T_1 = P_1 + p_1 \quad = 370$ Amp.
$T_2 = P_2 + p_2 \quad = 80$ „
$T_3 = P_3 + p_3 + p_4 = 290$ „
$\qquad\qquad\qquad\quad\overline{740 \text{ Amp.}}$

4*

III. Der Spannungsabfall in Knotenpunkten.

Für die Querschnitte der Zuleitungen ergeben sich folgende Werthe:
$$Q_1 = \frac{370 \cdot 2 \cdot 250}{57 \cdot 10} = 325 \text{ qmm}$$
$$Q_2 = \frac{80 \cdot 2 \cdot 600}{57 \cdot 10} = 168 \text{ „}$$
$$Q_3 = \frac{290 \cdot 2 \cdot 400}{57 \cdot 10} = 407 \text{ „}$$

und das Kupfervolumen V ist dann:

$$\begin{aligned}2\,\Sigma\,(q \cdot L) &= 804{,}2 \text{ dm}^3\\ 2\,\Sigma\,(Q \cdot D) &= 689{,}7 \text{ „}\\ \hline V &= 1493{,}8 \text{ dm}^3\end{aligned}$$

Wenn wir auch hierbei im Verhältniss zu unseren früheren Berechnungen ein ziemlich ungünstiges Resultat erhalten haben, so können wir doch deutlich sehen, dass bei der Annahme des maximalen Spannungsabfalles im Knotenpunkte die früher erzielten Werthe fast immer unterboten werden können.

Das absolute Kupfervolumen erhalten wir aus:
$$\frac{L_1^2 + D_1^2}{\varDelta + \varepsilon} = 45750$$
$$\frac{L_2^2 + D_2^2}{\varDelta + \varepsilon} = 46000$$
$$\frac{L_3^2 + D_3^2}{\varDelta + \varepsilon} = 38500$$
$$\frac{L_4^2 + D_4^2}{\varDelta + \varepsilon} = 56000$$

Da der dritte Werth der kleinste ist, setzen wir
$$p_3 = 80$$
und
$$p_1 = p_2 = p_4 = 0$$

Dann sind die Querschnitte
$$q_1 = \frac{L_1 \cdot B_1}{C} = 1080{,}7 \text{ qmm}$$
$$q_2 = \frac{L_2 \cdot B_2}{C} = 0 \text{ „}$$
$$q_3 = \frac{L_3 \cdot (B_3 + p_3)}{C} = 514{,}4 \text{ „}$$
$$q_4 = \frac{L_4 \cdot B_4}{C} = 526{,}3 \text{ „}$$

III. Der Spannungsabfall in Knotenpunkten.

Wir sehen aus dem Werth $p_2 = 0$, dass die Ausgleichsleitung $II\,K$ vollkommen vernachlässigt werden kann, wenn an ihr später kein Konsum angreifen sollte.

Es sind nun die Totalbelastungen der Speiseleitungen

$$\begin{aligned} T_1 &= 370 \text{ Amp.} \\ T_3 &= \underline{370 \text{ „}} \\ &\ 740 \text{ Amp.} \end{aligned}$$

und die dazu gehörigen Speiseleitungen berechnen sich demnach zu

$$Q_1 = \frac{370 \cdot 2 \cdot 250}{57 \cdot 10} = 324{,}5 \text{ qmm}$$

$$Q_3 = \frac{370 \cdot 2 \cdot 400}{57 \cdot 10} = 519{,}3 \text{ „}$$

Folglich wäre auch das absolute Kupferminimum V

$$\begin{aligned} 2\,\Sigma\,(q\cdot L) &= 797{,}12 \text{ dm}^3 \\ 2\Sigma\,(Q\cdot D) &= \underline{677{,}69 \text{ „}} \\ V &= 1474{,}81 \text{ dm}^3 \end{aligned}.$$

IV. Wechselströme.

1. Einiges über die Schaltung von Generatoren.

Von den in der Praxis gebräuchlichsten Wechselstromsystemen als Einphasen- und Dreiphasen- oder Drehstrom, erfordert ersterer ebenso wie Gleichstrom zwei Leitungen, die auch fast ausschliesslich nach Gleichstromformeln berechnet werden.

Das monocyklische System, das in neuerer Zeit in Amerika von der „General Electric Co." und in Europa durch die „Union Elektricitäts-Gesellschaft" mit Vorteil angewandt worden ist, besteht ebenfalls für Beleuchtung aus einem einphasischen Wechselstrom, während für den Betrieb von Motoren des Anziehens wegen ein dritter Leiter von gewöhnlich halbem Querschnitt eines Aussenleiters Verwendung findet, wodurch in Verbindung mit den beiden Lichtleitungen ein Dreiphasenstrom erzeugt wird. Auch die Berechnung dieser Leitungen geschieht nach den Gleichstromformeln.

Bei dem Dreiphasen- oder Drehstromsystem besteht nun das Netz aus 3 resp. 4 Leitern. Im ersten Falle würde die Dreiecksschaltung (Fig. 16 und 17) Verwendung finden, da ja die Spannung zwischen 2 beliebigen Leitern dieselbe ist.

Es ist demnach
$$ab = bc = ca = E$$

Bei der Sternschaltung (Fig. 18 und 19) und derjenigen mit Ausgleichsleitung (Fig. 20 und 21) ist die Hauptspannung dieselbe, wie bei der Dreiecksschaltung, also
$$ab = bc = ca = E$$

Einiges über die Schaltung von Generatoren.

Die Phasenspannung dagegen, die zwischen einer beliebigen Phase und der Ausgleichsleitung d herrscht, ist doch

$$\mathfrak{E} = \frac{E}{\sqrt{3}}$$

Es ist also:

$$a\,d = b\,d = c\,d = \frac{E}{\sqrt{3}}$$

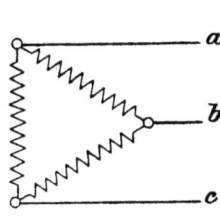 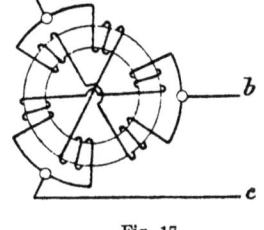

Fig. 16. Fig. 17.

Wäre z. B. die Phasenspannung $e = 120$ Volt, so beträgt die Hauptspannung

$$E = \mathfrak{E} \cdot \sqrt{3} = 120 \cdot 1{,}732 = 208 \text{ Volt}$$

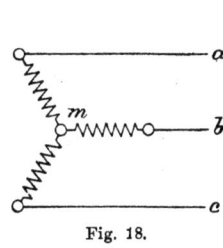 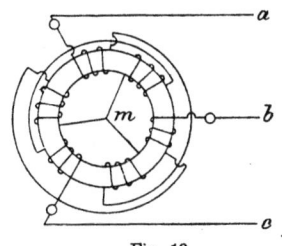

Fig. 18. Fig. 19.

Nun ist die Leistung der Drehstrommaschine bekanntlich

$$3 \cdot \mathfrak{E} \cdot J$$

bei induktionsfreier Belastung, da nun aber

$$E = \mathfrak{E} \cdot \sqrt{3}$$

ist, so können wir auch setzen

$$3 \cdot \mathfrak{E} \cdot J = 3 \cdot \frac{E}{\sqrt{3}} \cdot J$$

Die Leistung in Watt wäre demnach:

$$A_m = J \cdot E \cdot \sqrt{3}$$

Diese Formel gilt aber nur bei Maschinen, die Glühlampen, Heizkörper u. s. w., also induktionsfreie Apparate mit elektrischer Energie versorgen, denn hierbei werden Strom

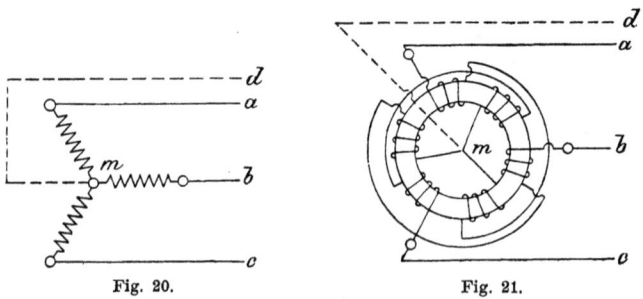

Fig. 20.   Fig. 21.

J und Spannung E (Fig. 22) in ihrer Phase nicht verschoben, d. h. sie decken sich bei 0^0, 180^0, 360^0, während sie bei 90^0, 270^0 u. s. w. gleichzeitig die höchsten, resp. tiefsten Punkte erreicht haben.

Wird die Energie der Drehstrommaschine jedoch für Bogenlampen, Motoren u. s. w., also Apparate mit hoher Selbst-

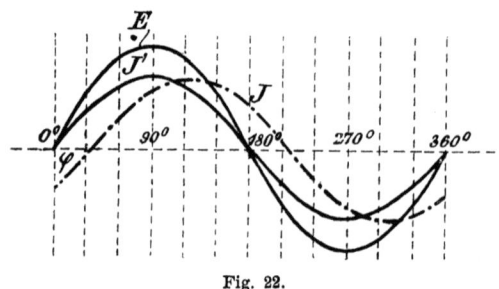

Fig. 22.

induktion verwandt, so tritt eine durch den $\measuredangle \varphi$ bezeichnete Phasenverschiebung ein. Es reducirt sich also die Leistung unserer Maschine auf

$$A_m = E \cdot J \cos \varphi \cdot \sqrt{3}$$

Es ist demnach die Leistung bei der Phasenverschiebung eine um $\cos \varphi$ kleinere, trotzdem derselbe Strom bei gleicher Spannung gebraucht wird.

Nachstehende Tabelle enthält Werthe für $\cos \varphi$ bei Motoren verschiedener Stärke:

P S	Energieverbrauch pro P S in Watt	$\cos \psi$
1 ÷ 5	920	0,73
5 ÷ 10	880	0,8
10 ÷ 20	860	0,85
20 ÷ 30	830	0,9
30 ÷ 50	815	0,9
50 ÷ 70	809	0,9
70 ÷ 100	805	0,9
100 ÷ 150	802	0,9
150 ÷ 200	800	0,9

2. Mehrphasenleitungen ohne Abzweigungen.

Schwieriger als bei Gleichstrom gestaltet sich die Berechnung von Drehstromleitungsnetzen, denn, während bei ersteren der Energie- und Spannungsverlust gleichmässig fielen, stellen sich bei letzteren Differenzen zwischen jenen beiden Faktoren ein.

Denken wir uns am Anfange einer Leitung eine Energiemenge von A_a vorhanden,[*)] die sich am Ende der Leitung auf A_e reducirt, so beträgt demnach der Energieverlust
$$A_a - A_e$$
und ist somit bei induktionsfreien Leitungen
$$A_a - A_e = 3 \cdot J^2 \cdot W = \frac{3 \cdot J^2 \cdot k \cdot l}{q} \quad \ldots \ldots \ldots 1$$
Hieraus folgt:
$$A_a = E_a \cdot J \cdot \cos \varphi_a \cdot \sqrt{3} \quad \ldots \ldots \ldots 2$$
$$A_a = E_e \cdot J \cdot \cos \varphi_e \cdot \sqrt{3} \quad \ldots \ldots \ldots 3$$

---

*) s. Dr. L. Fischer, Elektr. Zschr. 1895, Heft 6 u. 7.

IV. Wechselströme.

Wir bemerken dabei, dass die Stromstärke J konstant bleibt, während sich Spannung E und Phasenverschiebung $\cos \varphi$ bei zunehmender Entfernung immer mehr verändern.

Haben wir im Drehstromdiagramm, wie es ja meist der Fall ist, Sinuskurven, so erhalten wir den Spannungsabfall schnell sicher nach folgender graphischen Methode.

Bezeichnen wir mit $\mathfrak{E}_I$ die Primärspannung einer Leitung und mit $\cos \varphi_I$ die Verschiebung von $\mathfrak{E}_I$ bez. seiner Stromstärke J, so können wir uns, in Folge der Energieströmung einen Spannungswerth e erzeugt denken, dessen Phase um 180° gegen die des Stromes verschoben ist. Decken sich nun $\mathfrak{E}_I$ und J, so wäre jener Spannungswerth e mit dem Spannungsverlust $\mathfrak{E}_I - \mathfrak{E}_{II}$ identisch, wir werden jedoch sogleich sehen, dass dies nicht der Fall ist, und sich der Spannungsverlust vielmehr als Funktion von e, φ_I und φ_{II} darstellt. Wir geben jenem Werthe e den Namen „Verlustspannung", und ist derselbe, wenn wir mit W den Widerstand eines Leitungsdrahtes bezeichnen

$$e = J \cdot W$$

Tragen wir nun in Fig. 23 von o aus auf oa die Stromstärke J nach der einen und die Verlustspannung e nach der

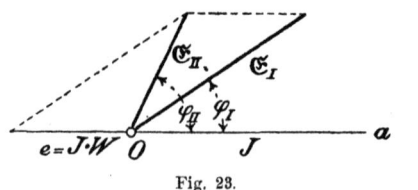

Fig. 23.

anderen Richtung hin auf, so ist die Resultirende aus der Anfangsspannung $\mathfrak{E}_I$ und der Verlustspannung e die Endspannung $\mathfrak{E}_{II}$, wobei Primärspannung $\mathfrak{E}_I$ mit ihrem dazu gehörigen Phasenwinkel φ_I aufgetragen wurde.

Aus vorstehendem Diagramm ergiebt sich nun folgendes Verhältniss:

$$\frac{\mathfrak{E}_I}{\mathfrak{E}_{II}} = \frac{\sin \varphi_{II}}{\sin \varphi_I} \dots\dots\dots 4$$

und
$$e = J \cdot W = \mathfrak{E}_I \cdot \cos \varphi_I - \mathfrak{E}_{II} \cdot \cos \varphi_{II} \quad \ldots \ldots 5$$

und hieraus endlich

$$\mathfrak{E}_I - \mathfrak{E}_{II} = J \cdot W \cdot \frac{\sin \varphi_{II} - \sin \varphi_I}{\sin (\varphi_I - \varphi_{II})} \quad \ldots \ldots 6$$

Wollen wir die Spannungsdifferenzen E_I und E_{II} zwischen zwei Leitungen, sowie den Verlust $E_I - E_{II}$ feststellen, so müssen wir in Rechnung ziehen, dass die Anfangsspannung $\mathfrak{E}_I$ der drei Leitungen bei Drehstrom 120° gegen einander verschoben sind.

Der besseren Uebersicht halber bezeichnen wir die zur ersten Leitung gehörigen Werthe J, e, $\mathfrak{E}_I$ und $\mathfrak{E}_{II}$ je mit dem Index 1, also J_1, e_1, $\mathfrak{E}_{I_1}$ und $\mathfrak{E}_{II_1}$, und die Werthe der zweiten Leitung mit Index 2.

Wir tragen nun in Fig. 24 in O auf OJ_1 unsere Primärspannung $\mathfrak{E}_{I_1}$ mit ihrem $\measuredangle \varphi_{I_1}$ auf, und erhalten $\mathfrak{E}_{II_1}$ als Resultante von $e_1 = J_1 \cdot W_1$, d. h. der Verlängerung von OJ über O hinaus und der Primärspannung $\mathfrak{E}_{I_1}$.

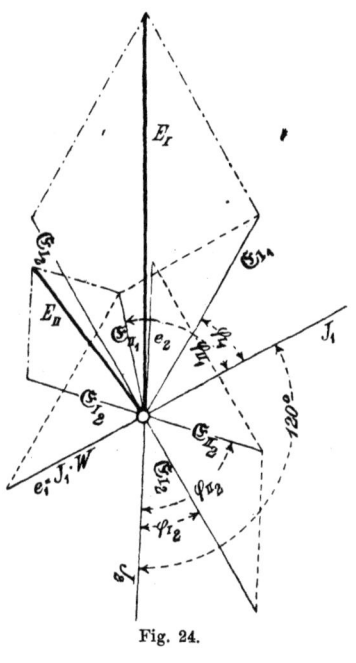

Fig. 24.

Wie wir nun weiter oben gesehen haben, sind aber die Spannungen bei Drehstrom um 120° gegen einander verschoben, und müssen wir deshalb $\mathfrak{E}_{I_2}$ und J_2 120° von $\mathfrak{E}_{I_1}$ und J_1 antragen, was bei einer Verlustspannung e_2 als Verlängerung von J_2 eine Resultante $\mathfrak{E}_{II_2}$ ergeben würde. Verlängern wir nun $\mathfrak{E}_{I_2}$ und $\mathfrak{E}_{II_2}$ um sich selbst über O hinaus, so erhalten wir aus $\mathfrak{E}_{I_1}$ und $\mathfrak{E}_{I_2}$ sowie $\mathfrak{E}_{II_1}$ und $\mathfrak{E}_{II_2}$ die Spannungsdifferenzen E_I und E_{II}.

Hierbei ist jedoch zu bedenken, dass jedesmal einer der zu kombinirenden Werthe 180° aus der Lage verschoben wird, die er sonst stets inne hat.

Aus der allgemeinen Gleichung

$$E = \mathfrak{E} \cdot \sqrt{3}$$

erhalten wir hier

$$E_I = \mathfrak{E}_I \cdot \sqrt{3}$$

$$E_{II} = \mathfrak{E}_{II} \cdot \sqrt{3}$$

und bez. (4)

$$\frac{E_I}{E_{II}} = \frac{\sin \varphi_{II}}{\sin \varphi_I}$$

oder

$$E_I = J \cdot W \cdot \sqrt{3} \cdot \frac{\sin \varphi_{II}}{\sin (\varphi_{II} - \varphi_I)} \quad \ldots \ldots \ldots \; 7$$

$$E_{II} = J \cdot W \cdot \sqrt{3} \cdot \frac{\sin \varphi_I}{\sin (\varphi_{II} - \varphi_I)} \quad \ldots \ldots \ldots \; 8$$

woraus sich unser Spannungsverlust ergiebt zu

$$E_I - E_{II} = J \cdot W \cdot \sqrt{3} \cdot \frac{\sin \varphi_{II} - \sin \varphi_I}{\sin (\varphi_{II} - \varphi_I)}$$

Tritt der Fall ein, dass

$$\varphi_I = \varphi_{II}$$

und hierin

$$\varphi_I = \varphi_{II} = 0$$

ist, so wird der letzte Faktor

$$= \frac{0}{0} = 1$$

Mehrphasenleitungen ohne Abzweigungen.

und ist demnach der Spannungsverlust bei induktionsfreier Belastung

$$E_I - E_{II} = J.W.\sqrt{3} \quad \ldots \ldots \ldots \ldots \text{9a}$$

Wir haben schon früher bemerkt, dass bei Gleichstrom der Spannungsverlust proportional mit dem Wattverlust wächst, was aber bei Drehstrom nicht zutrifft, und sagen wir deshalb aus Vorherstehendem

oder

$$\frac{E_{II}}{E_I} = \frac{A_{II} \cdot \cos\varphi_I}{A_I \cdot \cos\varphi_{II}}$$

$$\frac{E_I - E_{II}}{E_I} = 1 - \frac{A_{II} \cdot \cos\varphi_I}{A_I \cdot \cos\varphi_{II}}$$

und schliesslich

$$\frac{E_I - E_{II}}{E_I} = 1 - \eta \cdot \frac{\cos\varphi_I}{\cos\varphi_{II}} \quad \ldots \ldots \text{10}$$

Derselbe Werth ergab sich früher bei Gleichstrom zu

$$1 - \eta$$

und der Wirkungsgrad η war

$$\eta = \frac{E_{II}}{E_I}$$

Bei obenstehender Berechnung wurde vorausgesetzt, dass die Potentialwerthe $\mathfrak{E}_{I_1} = \mathfrak{E}_{I_2}$; $\mathfrak{E}_{II_1} = \mathfrak{E}_{II_2}$ und die Stromwerthe $J_1 = J_2$, sowie die Phasenverschiebung $\varphi_{I_1} = \varphi_{I_2}$; $\varphi_{II_1} = \varphi_{II_2}$ und die Widerstände $W_1 = W_2$ einander gleich sind.

Ist dies aber nicht der Fall, und sind beispielsweise die Leitungen ungleich belastet, so muss sich auch der Verschiebungswinkel von 120° verändern.

Bezeichnen wir diesen Winkel zwischen $\mathfrak{E}_{I_1}$ und $\mathfrak{E}_{I_2}$ mit a_I, so ergiebt sich die Verschiebung zwischen $\mathfrak{E}_{II_1}$ und $\mathfrak{E}_{II_2}$ zu

$$a_{II} = a_I + (\varphi_{II_1} - \varphi_{II_2}) + (\varphi_{I_2} + \varphi_{I_1})$$

woraus sich E_I berechnet zu

$$E_I = \sqrt{\mathfrak{E}_{I_1}^2 + \mathfrak{E}_{I_2}^2 - 2 \cdot \mathfrak{E}_{I_1} \cdot \mathfrak{E}_{I_2} \cdot \cos\varphi_I}$$

worin bedeutet

$$\mathfrak{E}_{I_1} = \frac{J_1 \cdot W_1 \cdot \sin \varphi_{II_1}}{\sin (\varphi_{II_1} - \varphi_{I_1})}$$

$$\mathfrak{E}_{I_2} = \frac{J_2 \cdot W_2 \cdot \sin \varphi_{II_2}}{\sin (\varphi_{II_2} - \varphi_{I_2})}$$

Für E_{II} bekommen wir einen analogen Ausdruck, während sich $E_I - E_{II}$ durch einfache Subtraktion ergiebt.

Eine weitere Berechnung für Drehstromleitungen giebt uns Doliwo von Dobrowolski.

Es war doch unser Energieverlust

$$A_I - A_{II} = 3 \cdot J^2 \cdot W = \frac{3 \cdot J^2 \cdot k \cdot l}{q}$$

worin

$$k = \frac{1}{57}$$

da nun aber

$$A_{II} = \frac{100 - p}{100} \cdot A_I$$

ist, und p den procentualen Wattverlust bedeutet, so ist auch

$$A_I \cdot \frac{p}{100} = \frac{3 \cdot J^2 \cdot k \cdot l}{q}$$

und berechnet sich dann q zu

$$q = 100 \cdot k \cdot \frac{3 \cdot J^2 \cdot l}{p \cdot A_I} = \frac{100 \cdot l \cdot 3 \cdot J^2}{57 \cdot p \cdot A_I}$$

Erweitern wir diese Gleichung mit

$$(\sqrt{3})^2 \cdot E_I^2 \cos^2 \varphi$$

so erhalten wir für den Querschnitt

$$q = \frac{100 \cdot l \cdot 3 \cdot J^2 \cdot (\sqrt{3})^2 \cdot E_I^2 \cdot \cos^2 \varphi}{57 \cdot p \cdot A_I \cdot (\sqrt{3})^2 \cdot E_I^2 \cdot \cos^2 \varphi}$$

Wie wir weiter oben sahen, ist die Leistung einer Drehstrommaschine bei Induktionsbelastung

$$A_m = E \cdot J \cdot \cos\varphi \cdot \sqrt{3} = A_I$$
$$= 3 \cdot \mathfrak{E} \cdot J \cdot \cos\varphi$$

Setzen wir den ersteren Ausdruck in unsere Querschnittsformel ein, so erhalten wir

$$q = \frac{100 \cdot l \cdot 3 \cdot A_I^2 \cdot k}{p \cdot A_I \cdot 3 \cdot E^2 \cdot \cos^2\varphi}$$

und hieraus

$$q = \frac{100 \cdot l \cdot A_I \cdot k}{p \cdot E^2 \cdot \cos^2\varphi}$$

woraus sich der procentuale Wattverlust ergiebt zu

$$p = \frac{100 \cdot l \cdot A_I \cdot k}{q \cdot E^2 \cdot \cos^2\varphi}$$

Auf nachstehendes Beispiel soll obige Berechnung angewandt werden, bevor wir zur allgemeinen Drehstromtheorie weitergehen.

Beispiel: In einer Entfernung von 200 m (Fig. 25) von der Centrale sollen 100 Glühlampen à 16 N K bei 220 Volt Spannung gespeist werden, und betrage der Wattverlust 1%.

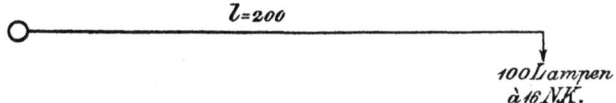

Fig. 25.

Aus der Glühlampentabelle auf Seite 21 ersehen wir den mittleren Energieverbrauch einer 16 kerzigen Lampe bei 220 Volt zu ca. 55 Watt, und verändert sich die Querschnittsformel, wenn wir mit n die Anzahl der Lampen und mit a den Wattverbrauch einer Lampe bezeichnen in:

$$q = \frac{100 \cdot l \cdot n \cdot a \cdot k}{p \cdot E^2 \cdot \cos^2\varphi}$$

Da wir hier eine reine Glühlichtbeleuchtung haben, wird unser $\cos \varphi = 1$, d. h. Spannung und Stromstärke werden nicht gegen einander verschoben.

Es ist also

$$q = \frac{100 \cdot 200 \cdot 100 \cdot 55}{57 \cdot 1 \cdot 220 \cdot 220 \cdot 1 \cdot 1} = \infty\, 40 \text{ qmm}$$

Würden nun beispielshalber in dem Aequivalent von 100 Glühlampen à 16 N K auch Bogenlampen mit Energie zu versorgen sein, die also in Glühlampen von 16 N K umgerechnet obiges Aequivalent ergeben, so müssten wir, da bei Bogenlampen eine Phasenverschiebung von $\cos \varphi = 0{,}95$ auftritt, in unserer Formel zu setzen haben

$$q = \frac{100 \cdot 200 \cdot 100 \cdot 55}{57 \cdot 1 \cdot 220 \cdot 220 \cdot 0{,}95 \cdot 0{,}95} = \infty\, 44 \text{ qmm}$$

Treten nun aber in einem Knotenpunkt verschiedene Phasenverschiebungen $\varphi_1, \varphi_2, \varphi_3 \ldots$ mit ihren Strömen $J_1, J_2, J_3 \ldots$ auf, so ist der resultirende Effekt

$$J \cdot \sin \varphi = J_1 \cdot \sin \varphi_1 + J_2 \cdot \sin \varphi_2 + J_3 \cdot \sin \varphi_3 + \ldots$$

und die resultirende Stromstärke ergiebt sich, wenn wir zwei Zweigleitungen in Betracht ziehen

$$J = \sqrt{J_1^2 + J_2^2 + 2 \cdot J_1 \cdot J_2 \cdot \cos(\varphi_2 - \varphi_1)}$$

Dabei bleibt die erforderliche Gesammtenergie der sich im Knotenpunkt abzweigenden Einzelenergien immer

$$A = A_1 + A_2 + \ldots$$

Aus unserem Diagramm ersehen wir ohne Weiteres als Resultirende die Gesammtstromstärke J, wenn wir die Einzelstromstärken J_1, J_2 u. s. w. mit ihren Phasenwinkeln φ_1, φ_2 u. s. w. als Komponenten auftragen.

Aus Fig. 26 ist leicht ersichtlich, dass bei Dreieckschaltung die Lampenspannung $e = $ der Betriebsspannung E ist. Bezeichnen wir mit i die Stromstärke einer Lampe, so ist dieselbe, bezogen auf die Gesammtstromstärke J

$$i = \frac{J}{\sqrt{3}}$$

Bei der in Fig. 27 dargestellten Sternschaltung ist dagegen die Stromstärke i der einzelnen Lampen

$$i = J$$

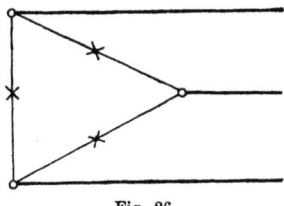

Fig. 26.

während die Spannung derselben e nur die der Phasenspannung, also

$$e = \frac{E}{\sqrt{3}}$$

ist.

Verbinden wir wiederum diesen Nullpunkt 0 (Fig. 28) mit der Dynamomaschine oder dem Transformator durch eine vierte Leitung, nach dem Patent der A. E. G., D. R. P.

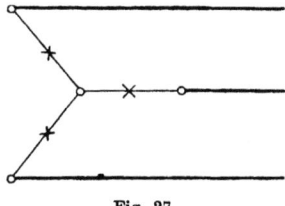

Fig. 27.

No. 71137, so haben wir eine dem Dreileitersystem bei Gleichstromanlagen analoge Schaltung bei der die Ausgleichsleitung, denselben Zweck erfüllt wie der spannungslose Mittelleiter.

Es ist demnach, wenn wir mit J_l bei Dreieckschaltung die Summe der Lampenströme bezeichnen

$$J_l = J \cdot \sqrt{3}$$

und bei der Sternschaltung

$$J_l = 3 \cdot J$$

Hentze. 5

Folglich berechnet sich auch der Querschnitt q einer Zweigleitung bei induktionsfreier Dreieckschaltung zu:

$$q = \frac{J_l \cdot l \cdot k}{\varepsilon}$$

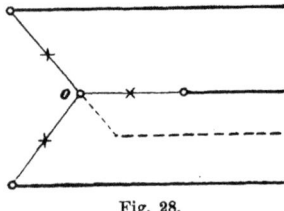

Fig. 28.

und bei Sternschaltung

$$q = \frac{J_l \cdot l \cdot k}{3 \cdot \varepsilon}$$

worin $k = \frac{1}{57}$ und ε den Spannungsabfall bis zur Abzweigstelle bedeuten, und ε sich ergiebt zu

$$\varepsilon = E_I - E_{II}$$

3. Selbstinduktion und Spannungsverlust.

Während bei Gleichstrom der Spannungsverlust proportional mit dem Energieverlust wuchs, kommt bei Drehstromanlagen [noch die Selbstinduktion mit in Betracht, die, wie wir weiter unten sehen werden, bei Luftleitungen nicht unberücksichtigt bleiben darf.

Den durch Selbstinduktion der Leitung hervorgerufenen Spannungsabfall mathematisch zu bestimmen ist sehr schwierig und dann gewöhnlich so unzuverlässig, dass die berechneten Werthe mit den gemessenen in keinem Verhältniss stehen. Selbstverständlich üben hierbei die Querschnitte, die Abstände der einzelnen Leitungen von einander, sowie die Periodenzahl der Generatoren einen grossen Einfluss auf den Verlust aus.

Um nun den durch Selbstinduktion und Leitungswiderstand hervorgerufenen Spannungsabfall aus dem berechneten und praktisch bestehenden Wattverlust schnell und sicher finden zu können, haben fast sämmtliche grösseren Firmen bei ausgeführten Anlagen den Wattverlust und Spannungsverlust bei verschiedenen Querschnitten und Periodenzahlen gemessen, und für jeden speciellen Fall Werthe erhalten, mit denen durch Multiplikation mit den Wattverlusten der Spannungsabfall sofort sicher bestimmt werden kann.

Als Annäherungsformel können wir setzen, wenn wir mit p_l den procentualen Spannungsabfall in Folge des Leitungswiderstandes, und mit p_i dem procentualen durch Induktion hervorgerufenen Spannungsverlust bezeichnen

$$\xi = (p_l + p_i) \cdot \cos \varphi$$

d. h. der Gesammtverlust in $^0/_0$ ist gleich dem procentualen Leitungsverlust plus dem procentualen Induktionsverlust multiplicirt mit dem Cosinus der Phasenverschiebung.

Beträgt z. B. die Primärspannung einer Drehstromanlage 6000 Volt, und nehmen wir $7^0/_0$ für den Leitungsverlust, $15^0/_0$ für den Induktionsverlust und 0,8 für den Leitungsfaktor, so erhalten wir einen Gesammtverlust am Ende von

$$\xi = (7^0/_0 + 15^0/_0) \cdot 0{,}8 = 17{,}6^0/_0 = 1056 \text{ Volt},$$

also eine Endspannung von

$$6000 - 1056 = 4944 \text{ Volt}$$

Nehmen wir aber statt der drei Leitungen sechs, deren Querschnittsumme gleich der der drei Leitungen ist, so erhalten wir nur

$$\text{ca } 0{,}6 \cdot p_i$$

Induktionsverlust, in unserem Beispiel also:

$$(7^0/_0 + 9^0/_0) \cdot 0{,}8 = 12{,}8^0/_0 = 768 \text{ Volt},$$

was einer Endspannung von

$$6000 - 768 = 5232 \text{ Volt}$$

entsprechen würde.

Wie ich aber schon bemerkt habe, sind dies nur Annäherungswerthe, die an Genauigkeit keine zu grossen Ansprüche stellen dürfen, da ja die Wechselzahl eine nicht unbedeutende Rolle spielt.

IV. Wechselströme.

Die meisten modernen Drehstromgeneratoren sind gebaut für 30, 60, 100 und 125 Perioden pro Sekunde und werden fast ausnahmslos die Leitungen nach Fig. 29 in Abständen h von 400 ÷ 500 Millimetern verlegt, und habe ich deshalb den Werthen nachstehender Tabellen eine mittlere Entfernung von 450 mm zu Grunde gelegt, und als Leistungsquerschnitte die gangbaren Kupferquerschnitte vorgesehen. Da im allgemeinen eine Luftleitung nur in speciellen Fällen des Durch-

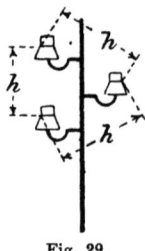

Fig. 29.

hanges wegen einen Querschnitt von 95 qmm überschreitet, und wie wir aus den Tabellen weiter ersehen können, der Spannungsabfall mit zunehmendem Querschnitt und Periodenzahl rapid wächst, so habe ich mich auch nur auf Resultate bis 95 qmm beschränkt.

Ist nun der procentuale Wattverlust p einer Drehstromleitung mit dem bekannten Querschnitte q gleich

$$p = \frac{100 \cdot l \cdot A_I \cdot k}{q \cdot E^2 \cdot \cos^2 \varphi}$$

so berechnet sich der Gesammtspannungsabfall in %, wenn wir die in den einzelnen Rubriken angegebenen Werthe mit c bezeichnen zu:

$$\xi = p \cdot c$$

Nachstehende Werthe sind Mittelwerthe der von verschiedenen Firmen erzielten Resultate, die von einander nur um ein Geringes abwichen. Der Leitungsfaktor $\cos \varphi$ ist darin angenommen

Selbstinduktion und Spannungsverlust.

Für Licht . . . . = 0,95
Für gemischten Betrieb, also Licht und Motoren = 0,85
Für reinen Motorenbetrieb . . . . = 0,8
und ergaben sich jene Werthe c bei

I. 30 Perioden.

q in qmm	I Licht	II Licht und Motoren	III Motoren
6	1,000	1,000	1,000
10	1,000	1,000	1,000
12,5	1,000	1,000	1,000
16	1,000	1,000	1,000
25	1,024	1,000	1,000
35	1,031	1,000	1,000
50	1,109	1,000	1,000
70	1,160	1,087	1,072
95	1,240	1,192	1,213

Tragen wir nun, wie in Fig. 30 ersichtlich, jene bei 30 Perioden erhaltenen Werthe c graphisch auf, so erhalten

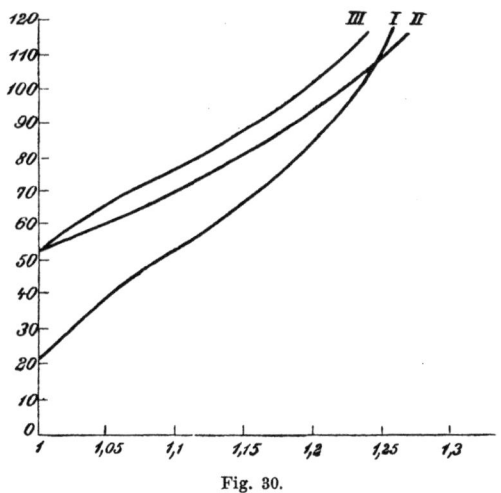

Fig. 30.

wir in Kurve I die Konstanten für Licht, in II die für gemischten Betrieb, also Licht und Kraft, und in III diejenige

Kurve für reinen Motorenbetrieb. Wir sehen also hieraus, dass bei Licht (I) der Spannungsabfall bis zu ca. 20 qmm gleich dem Energieverlust ist, und dann erst allmählig steigt, während für gemischten (II) und reinen Motorenbetrieb (III) die Konstante c ziemlich 1 ist.

Bei 60 Perioden erhalten wir unsere Werthe zu

q in qmm	I Licht	II Licht und Motoren	III Motoren
6	1,00	1,00	1,00
10	1,00	1,00	1,00
12,5	1,017	1,000	1,000
16	1,038	1,000	1,000
25	1,140	1,056	1,035
35	1,165	1,133	1,081
50	1,228	1,350	1,250
70	1.407	1,551	1,463
95	1,593	1,776	1,780

Fig. 31 stellt dann den Verlauf der dazu gehörigen Kurven dar.

Bei 100 Perioden ändern sich die Konstanten in:

q in qmm	I Licht	II Licht und Motoren	III Motoren
6	1,041	1,000	1,000
10	1,074	1,003	1,007
12,5	1,121	1,061	1,020
16	1,184	1,140	1,113
25	1,320	1,353	1,348
35	1,443	1,509	1,485
50	1,617	1,854	1,891
70	1,782	2,130	2,172
95	1,924	2,807	2,854

Die dazu gehörigen Kurven sind in Fig. 32 veranschaulicht.

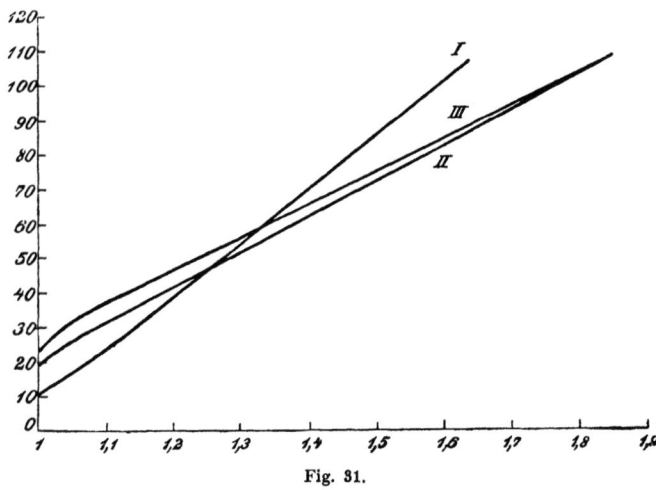

Fig. 31.

Bei 125 Perioden ist endlich unser c

q in qmm	I Licht	II Licht und Motoren	III Motoren
6	1,043	1,000	1,000
10	1,086	1,007	1,009
12,5	1,133	1,069	1,026
16	1,181	1,165	1,107
25	1,384	1,431	1,421
35	1,529	1,603	1,620
50	1,693	1,924	1,941
70	1,977	2,397	2,376
95	2,340	2,831	2,987

was den drei Kurven in Fig. 33 entsprechen würde.

Für Periodenzahlen, die zwischen den aufgeführten liegen, kann ohne Weiteres jeder Werth c aus dem Verhältniss der gemessenen Konstanten berechnet werden. In folgendem Beispiel wollen wir den Gang der Berechnung weiter in seinen Einzelheiten verfolgen.

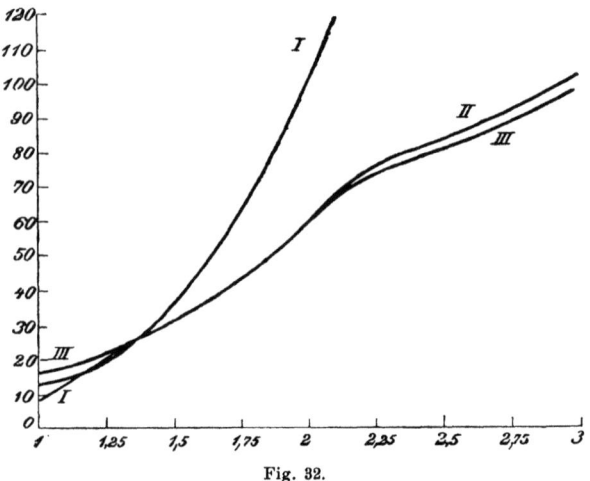

Fig. 32.

Beispiel: In einer Entfernung von 5000 m von einer Centrale (Fig. 34) werden für Beleuchtungs- und Kraftzwecke bei 220 Volt sekundärer Netzspannung 100 K. W. gebraucht, und betrage der Energieverlust p bei 3000 Volt Primärspannung 4%, wobei der Wirkungsgrad der Transformatoren $\eta_t = 0{,}95$ noch zu berücksichtigen ist.

Unsere Querschnittsformel lautete:

$$q = \frac{100 \cdot l \cdot A \cdot k}{p \cdot E^2 \cdot \cos^2 \varphi}$$

und ändert sich dieselbe, wenn wir den Wirkungsgrad mit in Betracht ziehen, in

$$q = \frac{100 \cdot l \cdot A \cdot k}{p \cdot E^2 \cdot \cos^2 \varphi \cdot \eta_t}$$

oder
$$q = \frac{100 \cdot 5000 \cdot 100000 \cdot 1}{57 \cdot 4 \cdot 3000 \cdot 3000 \cdot 0{,}85 \cdot 0{,}85 \cdot 0{,}95} = \infty\ 35\ \text{qmm}$$

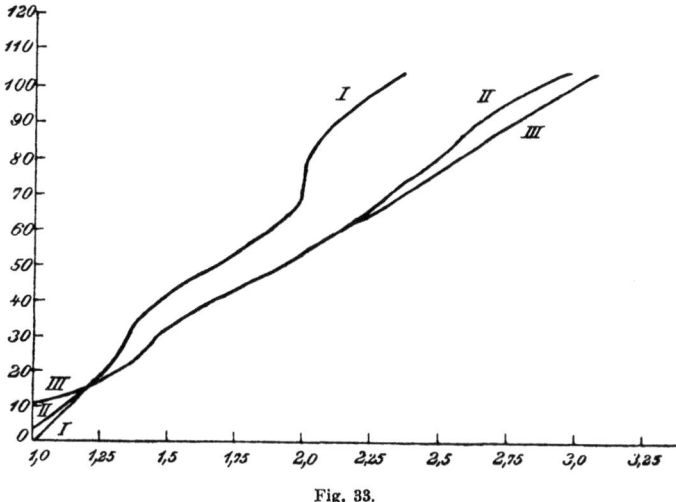

Fig. 33.

und berechnet sich der procentuale Spannungsabfall, wenn wir eine Dynamomaschine für 60 Perioden vorgesehen haben zu

$$E_I - E_{II} = p \cdot c = 4 \cdot 1{,}133 = \infty\ 4{,}53\ ^0/_0 = \infty\ 1360\ \text{Volt}$$

wonach die Maschinenspannung bei Vollbelastung auf

$$E_I = 3000 + 1360 = 4360\ \text{Volt}$$

erhöht werden müsste.

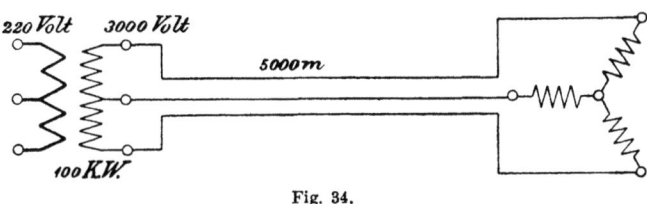

Fig. 34.

Um zu finden, ob der berechnete Querschnitt bei diesem Spannungsabfall aber auch feuersicher ist, brauchen wir nur

IV. Wechselströme.

die Stromstärke zu bestimmen, und ergiebt sich dieselbe wie folgt:

$$J = \frac{A}{E \cdot \cos\varphi \cdot \sqrt{3}} = \infty\ 68\ \text{Amp.},$$

was eine Belastung von

$$\frac{68}{35} = 1{,}94\ \text{Amp.}$$

pro qmm zur Folge haben würde, und kann dies ohne weiteres zugelassen werden.

V. Das Kupfervolumen bei Gleich- und Wechselströmen.

Während wir uns in den vorhergehenden Kapiteln speciell mit der Berechnung von Gleich- und Wechselstromleitungen befassten, und deren Vor- und Nachtheile erwogen, wollen wir unser Augenmerk nunmehr auf das Verhältniss des Kupfervolumens beider Stromarten zu einander richten.

Zuletzt stiessen wir bei der Dreiecksschaltung auf die allgemeine Querschnittsformel

$$q = \frac{I_i \cdot l \cdot k}{\varepsilon}$$

Vergleichen wir nun diese Formel mit der des Gleichstromzweileiter-Systems.

$$q = \frac{J \cdot L \cdot k}{\varepsilon}$$

worin L die Gesammtlänge und k doch bekanntlich das Leitungsvermögen $\frac{1}{57}$ bezeichnete, so finden wir sofort, dass das Kupfervolumen im ersten Fall gleich der Hälfte desjenigen bei Gleichstrom ist, wenn von einer Phasenverschiebung abgesehen ist.

Da sich nun die Gesammtlänge L bei Gleichstrom zusammensetzt aus $2 \cdot l$, die Gesammtlänge bei Drehstrom aber $3 \cdot l$ beträgt, so verhält sich auch das gesammte Kupfervolumen wie $3:4$, und ergiebt sich somit bei Drehstrom all-

V. Das Kupfervolumen bei Gleich- und Wechselströmen.

gemein eine Ersparniss von 25% gegenüber dem Gleichstrom oder einphasischen Wechselstromsystem.

Setzen wir bei Sternschaltung gleiche Spannungsverluste und gleiche Gesammtstromstärken J_l voraus, so betragen Drehstromquerschnitte nur den dritten Theil. Führen wir noch den Ausgleichsleiter analog dem Gleichstromdreileitersystem zurück, und geben ihm denselben Querschnitt wie den drei Phasenleitungen, so bedeutet dies eine Ersparniss von $5/9$ oder ca. 67%, und würde das Kupfervolumen in diesem Fall gleich dem einer Gleichstromdreileiteranlage sein.

VI. Kraftübertragungen.

Zur Uebertragung elektrischer Energie auf weite Entfernungen bedarf man hochgespannter Ströme, die dann bei geringer Stromstärke kleine Querschnitte benöthigen, und somit eine Anlage überhaupt ausführbar und rentabel machen. Hochspannungsanlagen werden in neuerer Zeit fast ausschliesslich mit Drehstrom betrieben, und wird einphasischer Wechselstrom nur bei speciellen Anlagen mit in Konkurrenz treten können.

Die Uebertragung selbst kann eingetheilt werden in
    1. direkte Uebertragung,
    2. indirekte Uebertragung.

Unter direkter Uebertragung verstehen wir das Fortleiten des Stromes mittels der vom Generator direkt erzeugten Spannung, die dann erst an den Konsumstellen auf die Verbrauchsspannung herabtransformirt wird, oder bei Spannungen bis zu 6000 Volt auch direkt für Motoren gebraucht wird. Fig. 35 zeigt uns eine solche Anordnung, und bedeutet in derselben G den Generator, M einen Hochspannungsmotor und T einen Transformator.

Durch die in neuester Zeit von der Schweizer Firma Brown, Boveri & Co. konstruirten Generatoren, die eine direkte Spannung bis 13500 Volt liefern, kann diese Anordnung wohl immer inne gehalten werden.

Müssen wir den Strom in Anbetracht grösserer Entfernungen aber noch höher spannen, oder die Umgebung der

Centrale ohne extrae Aufstellung von Niederspannungsmaschinen mit Energie versorgen, so empfiehlt es sich, nach Fig. 36, folgende Anordnung zu treffen.

Die Maschinenspannung betrage etwa 250 ÷ 500 Volt, um den eventuell nahe liegenden Bedarf decken zu können, und erst durch den Transformator T_1 wird der Energie die erforderliche hohe Spannung verliehen, die zur Ueberwindung

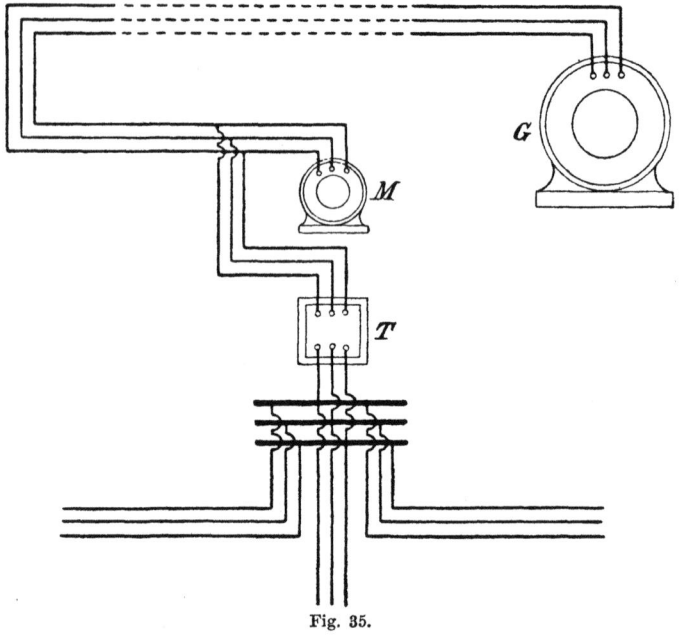

Fig. 35.

der langen Strecken nöthig ist. An den Verbrauchsstellen aufgestellte Transformatoren T_2, T_3 ..... transformiren schliesslich die Hochspannung wieder in die Verbrauchsspannung herunter.

Selbstverständlich wird im letzteren Falle der Wirkungsgrad der gesammten Anlage durch den Wirkungsgrad der Transformatoren etwas geringer ausfallen. Nachstehende Tabelle zeigt den Wirkungsgrad einiger Transformatoren an.

VI. Kraftübertragungen.

Leistung in KW $\times \cos \varphi$	Primärspannung	Wirkungsgrad bei Vollbelastung
1 ÷ 3	3000	0,9
4 ÷ 8	3000	0,935
	5000	0,93
9 ÷ 15	3000	0,94
	5000	0,935
15 ÷ 30	3000	0,945
	5000	0,940
30 ÷ 50	3000	0,95
	5000	0,942
50 ÷ 100	3000	0,968
	5000	0.96
100 ÷ 150	3000	0,974
	5000	0,969
150 ÷ 200	3000	0,98
	5000	0,973

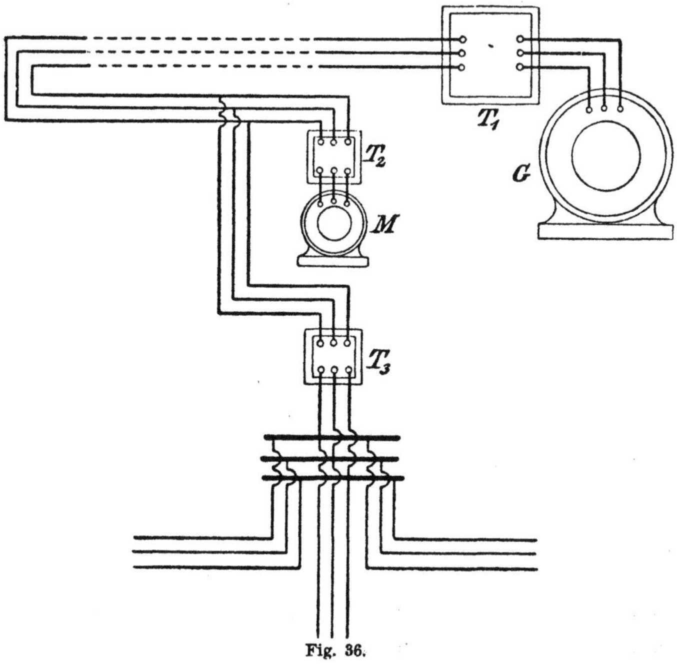

Fig. 36.

Der Spannungsabfall kann hierin bei induktionsfreier Leistung mit 2% angenommen werden, während bei Selbst-

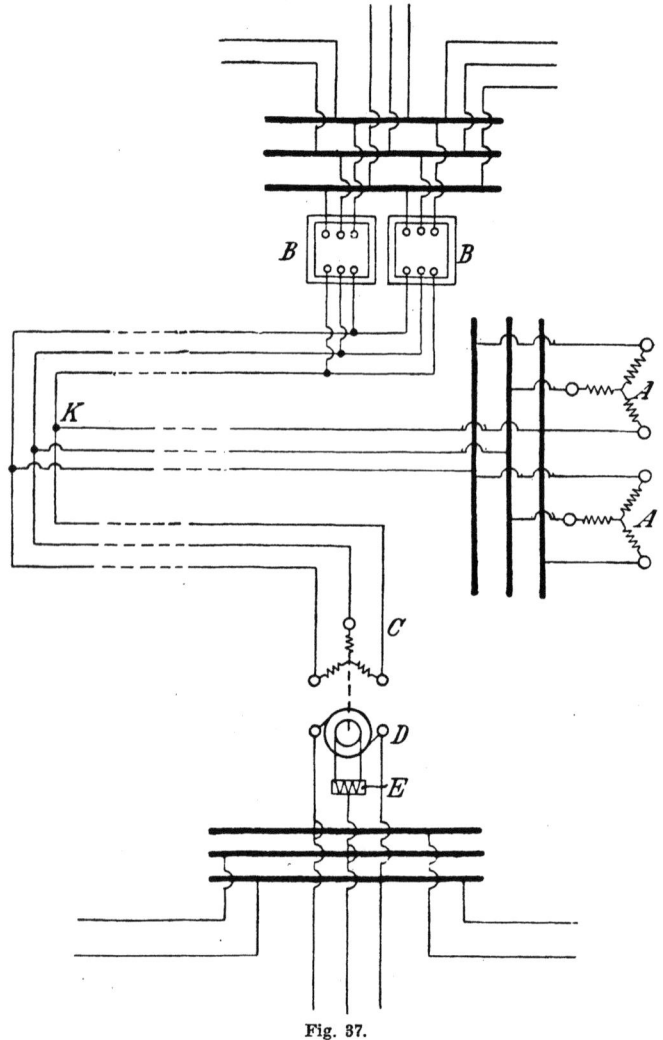

Fig. 37.

induktion, also zum Betriebe von Motoren, Bogenlampen etc. mit $3 \div 4\%$ zu rechnen ist.

VI. Kraftübertragungen.

Zweigen wir eine Hochspannungsleitung in einem Punkte von der Hauptleitung ab, so müssen wir den Spannungsabfall für alle Zweigleitungen bei Vollbelastung bis zum Knotenpunkt gleich wählen, denn nur so lässt sich in der Centrale die Hauptspannung genau reguliren.

In Fig. 37 ersehen wir in A, A die beiden Hochspannungsgeneratoren, die ihre durch die Sammelschienen vereinigte Energie zunächst bis zum Knotenpunkt K senden. Hier theilt sich der Strom nach den in B, B dargestellten Transformatoren, um, hier angelangt, auf die Konsumspannung heruntertransformirt zu werden, während der andere Zweig einen Drehstrom — Gleichstrom — Umwandler antreibt, der vermöge des Spannungsteilers E den Gleichstrom sofort in das Dreileitersystem verwandelt.

Hierbei ist wiederum zu berücksichtigen, dass der Spannungsabfall von K bis zu den Transformatoren gleich demjenigen von K bis zum Umwandler ist, damit durch die in K angeschlossenen Prüfdrähte die Spannung der Centrale dem jeweiligen Bedarf angepasst werden kann.

Verlag von Julius Springer in Berlin u. R. Oldenbourg in München.

Anordnung und Bemessung
elektrischer Leitungen.
Von
Carl Hochenegg,
Ober-Ingenieur von Siemens & Halske.
Zweite vermehrte Auflage.
Mit 42 in den Text gedruckten Figuren
In Leinwand gebunden Preis M. 6,—.

Die
Berechnung elektrischer Leitungsnetze
in Theorie und Praxis.
Bearbeitet von
Josef Herzog und **Cl. P. Feldmann.**
Mit zahlreichen in den Text gedruckten Figuren.
(Zur Zeit vergriffen; neue Auflage in Vorbereitung.)

Tafel für elektrische Leitungen.
Von
Dr. Oscar May,
Ingenieur.
Dritte Auflage 1896.
Bureau-Ausgabe auf Karton Preis M. 1,20; Taschen-Ausgabe auf Leinwand
in Täschchen M. 1,50

Theorie der Wechselströme
in
analytischer und graphischer Darstellung.
Von
Dr. Frederick Bedell und **Dr. A. C. Crehore.**
Autorisirte deutsche Uebersetzung von Dr. Alfr. H. Bucherer.
Mit 112 in den Text gedruckten Figuren.
In Leinwand gebunden Preis M. 7,—.

Leitfaden zur Konstruktion von Dynamomaschinen
und zur Berechnung von elektrischen Leitungen.
Von
Dr. Max Corsepius.
Zweite vermehrte Auflage.
Mit 23 in den Text gedruckten Figuren und einer Tabelle.
Gebunden Preis M. 3,—.

Zu beziehen durch jede Buchhandlung.

MIX
Papier aus verantwortungsvollen Quellen
Paper from responsible sources
FSC® C105338

If you have any concerns about our products,
you can contact us on
ProductSafety@springernature.com

In case Publisher is established outside the EU,
the EU authorized representative is:
**Springer Nature Customer Service Center GmbH
Europaplatz 3, 69115 Heidelberg, Germany**

Printed by Libri Plureos GmbH
in Hamburg, Germany